建筑工程"四新"施工技术

JIANZHU GONGCHENG 「SIXIN」 SHIGONG JISHU

蔡东波 著

西安交通大学出版社
XI'AN JIAOTONG UNIVERSITY PRESS

国家一级出版社
全国百佳图书出版单位

图书在版编目(CIP)数据

建筑工程"四新"施工技术/蔡东波著. —西安:西安
交通大学出版社,2022.8
ISBN 978-7-5693-2760-1

Ⅰ.①建… Ⅱ.①蔡… Ⅲ.①建筑工程-工程施工
Ⅳ.①TU74

中国版本图书馆 CIP 数据核字(2022)第 159685 号

书　　名	建筑工程"四新"施工技术	
	JIANZHU GONGCHENG "SIXIN" SHIGONG JISHU	
著　　者	蔡东波	
责任编辑	韦鸽鸽	
责任校对	刘莉萍	

出版发行	西安交通大学出版社
	(西安市兴庆南路 1 号　邮政编码 710048)
网　　址	http://www.xjtupress.com
电　　话	(029)82668357　82667874(市场营销中心)
	(029)82668315(总编办)
传　　真	(029)82668280
印　　刷	西安五星印刷有限公司

开　　本	787mm×1092mm　1/16　印张 10.75　字数 260 千字
版次印次	2022 年 8 月第 1 版　　2023 年 9 月第 1 次印刷
书　　号	ISBN 978-7-5693-2760-1
定　　价	89.00 元

如发现印装质量问题,请与本社市场营销中心联系。
订购热线:(029)82665248　(029)82667874
投稿热线:(029)82665249
读者信箱:xjdcbs_zhsyb@163.com

前　言

　　党的十八以来，在深入贯彻实施创新驱动发展战略，加快推进以科技创新为核心的全面创新改革发展过程中，建筑工程行业不断涌现出新的技术。"四新技术"——新技术、新工艺、新材料、新设备。"四新技术"的应用，可以保证质量、促进安全，有效推进施工技术进步，提升生产效率，降低建造成本，节能环保、减排降耗，推动建筑工程施工行业可持续、低碳、健康发展。

　　中交一公局第七工程有限公司组建了专业技术小组，围绕近几年建筑工程"四新技术"在施工中应用的典型案例，完成《建筑工程"四新"施工技术》一书，以促进建筑行业"四新技术"的推广，为广大同行提供技术参考。本书由蔡东波担任编写小组组长，统筹负责撰写工作；陈勇、王巍、柴少强担任副组长，分别负责各章节内容的撰写及审核。本书内容共计5章115节。

　　第1章为地基与基础，由冯天初、委振雲、周庆执笔。本章以地基工程长螺旋钻孔压灌桩技术开篇，较充分地阐述了地基与基础工程涌现的各项新技术，给读者呈现了地基与基础工程施工技术创新的方式与方法。

　　第2章为主体结构，由陈勇、伊坤阳执笔。本章围绕钢筋工程、模板工程、砌筑工程等施工生产中形成的60余项新技术，进行系统讲述，通过这些施工新技术，可以有效地保障主体结构施工质量与安全，并且可以提高生产效率，节约施工工期。

　　第3章为安装工程，由柴少强、李坤执笔。本章围绕水电、消防、人防、给排水等安装工程，以及BIM技术应用，形成各项新技术，推动建筑安装标准化、产品模块化及集成化发展；通过BIM技术的应用，不仅可以提前解决安装潜在的问题，还能减少作业工程量，节约工期，减少污染，创造效益。

　　第4章为绿色施工，由王巍、张国梁执笔。本章遵循建筑工程"四节一环保"施工理念和要求，总结了雨水收集利用、垃圾减量与利用、扬尘治理、清洁能源利用等施工技术，通过在施工管理中采用这些先进技术，推动建筑工程施工走绿色环保、降本增效、可持续发展之路。

　　第5章为BIM技术应用，由王雪、杨利君执笔。本章基于房建施工，并扩展到公路市政、装配式桥梁、管廊等领域，总结了各类场景的BIM应用技术，形成了集软硬件人员配置、模型处理、图纸深化三维激光扫描、无人机倾斜摄影与 VR 技术等多种 BIM 技术解决方案,为推动 BIM 技术在建筑工程中深化应用提供借鉴与思路。

　　对建筑工程"四新"施工技术的总结、探索与研究,仍有提升空间,书中难免有不足之处,诚恳欢迎广大读者提出意见及建议,以不断提升,逐步完善。

著　者

2022 年 10 月于郑州

目　录

第 3 章　安装工程

第4章 绿色施工

第5章 BIM 技术应用

第1章

地基与基础

◈ 1.1 长螺旋钻孔压灌桩技术

1.1.1 工艺介绍

长螺旋钻孔压灌桩技术是采用长螺旋钻机钻孔至设计标高,利用混凝土泵将超流态细石混凝土从钻头底压出,边压灌混凝土边提升钻头,直至成桩,混凝土灌注至设计标高后,再借助钢筋笼自重或利用专门振动装置将钢筋笼一次插入混凝土桩体至设计标高,形成钢筋混凝土灌注桩。之后插入钢筋笼的工序应在压灌混凝土工序后进行。与普通水下灌注桩施工工艺相比,长螺旋钻孔压灌桩施工工艺,不需要泥浆护壁,无泥皮,无沉渣,无泥浆污染,施工速度快,造价较低。

1.1.2 工艺流程

定桩位、复核→钻机就位→钻进至设计深度→提钻→泵送混凝土至设计桩顶上 500 mm→起吊钢筋笼、振动锤→启动振动锤、下插钢筋笼→钢筋笼振插至设计标高→转移钻机循环下各桩位→施工完成→桩基检测。

1.1.3 适用范围

长螺旋钻孔压灌桩技术可应用于桩基础、边坡支护桩等工程。灌桩技术安装钢筋笼见图 1-1 至图 1-3。

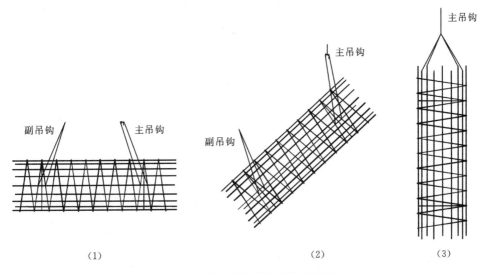

(1)   (2)   (3)

图 1-1 灌注桩钢筋笼吊装示意图

图1-2 灌注桩钢筋笼现场吊装　　　　图1-3 吊放钢筋笼

◈ 1.2 囊式扩体抗浮锚杆技术 ————————————

1.2.1 工艺介绍

　　囊式扩体抗浮锚杆技术是采用高压流体在锚杆底部按设计长度对土体进行喷射切割扩孔,并灌注水泥浆或水泥砂浆,形成直径较大的圆柱状注浆体的锚杆。较常规抗浮锚杆,扩体抗浮锚杆的单根抗拔力较大,其间距比普通锚杆要大,利于现场基底土壤开挖和施工。同时,普通预应力锚杆自由端短,没有穿过基坑开挖变形影响的范围,基坑下挖时锚杆段会随基坑坡体一起位移。普通锚杆锚固段太长,在受力过程中随着应力向锚固段后端传递而发生较大的位移,均不能严格控制基坑位移。而囊式扩体锚杆则消除了此影响,对抗浮设计为甲级、按不出现裂缝设计的工程有重大的积极效应。

1.2.2 工艺流程

　　场地平整→设备组装与调试→测量放线与钻机定位→下钻成孔→高压旋喷扩孔→锚杆制作→锚杆安放→囊袋内灌注水泥浆→锚孔内补浆→基础底板施工→抗浮锚杆锁定。

1.2.3 适用范围

　　囊式扩体抗浮锚杆技术可应用于抗浮设计等级较高的工程,具体见图1-4至图1-9。

图1-4 锚杆制作　　　　　　　　图1-5 对重支架安装

图1-6　钻孔、安放锚杆

图1-7　抗拔检测

图1-8　施加预应力

图1-9　筏板中成型效果

◈ 1.3　大体积混凝土钢管马凳技术

1.3.1　工艺介绍

超厚筏板基础一般钢筋直径大且间距密,单位面积上重量大,施工中对马凳支撑体系的承受力和稳定性要求高。传统的钢筋马凳支撑成本高,工期长,施工不方便。本技术介绍了钢管脚手架马凳支撑体系的施工应用。施工操作简单,工期短,成本低,并利用支撑体系钢管内孔对大体积砼水化热进行散热,效果明显,有极大的推广意义。

1.3.2　工艺流程

防水保护层清扫→弹钢筋位置线→底板钢筋绑扎→钢管脚手架马凳支撑→套止水橡胶环→封堵杆顶→筏板浇筑→钢管内存水散热→钢管封堵。

1.3.3　适用范围

大体积混凝土钢管马凳技术可应用于超厚筏板基础的钢筋工程。具体操作见图1-10至

图1-12。

图1-10　防水保护层施工完成　　　　　图1-11　筏板底筋绑扎

图1-12　钢管支撑脚手架搭设效果

1.4　快易收口网技术

1.4.1　工艺介绍

快易收口网又称免拆模板网,它是作为消耗性模板来固定的。当混凝土在模板后面浇筑时,网眼上的余角片就嵌在混凝土里,形成一个与邻近浇注块相连的机械式楔。接缝的质量受到严格控制,其粘接及剪切方面的强度可与经过良好处理的粗琢缝合相媲美。二次浇筑时可免去打孔、拉毛等工序,缩短施工周期,同时增加了浇筑体的强度。

1.4.2　工艺流程

钢筋绑扎→支设收口网→支撑加固→混凝土浇筑→混凝土养护→拆除支撑→后浇带混凝土浇筑。

1.4.3　适用范围

快易收口网技术可应用于后浇带及施工缝等现浇混凝土工程。具体操作见图1-13至图

1-16。

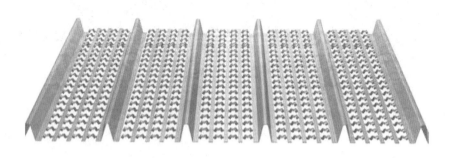

图 1-13　原材照片

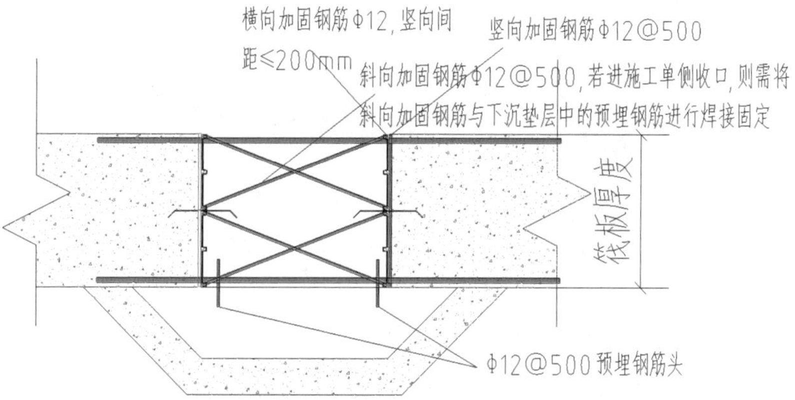

横向加固钢筋Φ12,竖向间距≤200mm　　竖向加固钢筋Φ12@500

斜向加固钢筋Φ12@500,若进施工单侧收口,则需将斜向加固钢筋与下沉垫层中的预埋钢筋进行焊接固定

筏板厚度

Φ12@500预埋钢筋头

图 1-14　节点设计

图 1-15　现场施工情况

图 1-16　混凝土浇筑完成情况

1.5　地库底板防水预铺反粘技术

1.5.1　适用范围

地库底板防水预铺反粘技术适用于地库底板防水。具体操作见图 1-17 至图 1-19。

图 1-17　基层处理

图 1-18　阴阳角附加层

图 1-19　弹线及大面积施工

1.5.2　特点

（1）防水卷材与结构底板永久粘接为一体，形成"皮肤式"防水效果，降低串水隐患。

（2）防水性能不受主体沉降影响，防止地下水渗入。

（3）冷作业、无毒、无污染、环保。

（4）节省工序及工期。

1.6　后浇带独立支撑技术

1.6.1　适用范围

后浇带独立支撑技术适用于解决高层主楼与低层裙房间差异沉降、钢筋混凝土收缩变形、减小温度应力等问题。具体操作见图 1-20 至图 1-25。

图 1-20 支撑基座

图 1-21 顶撑套筒

图 1-22 顶托安装

图 1-23 成型效果

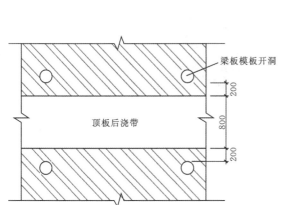

图 1-24 梁板模板开设管模洞平面图

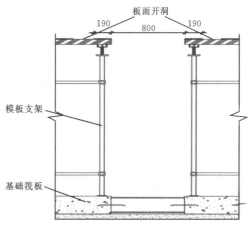

图 1-25 梁板模板开设管模洞立面图

1.6.2 特点

采用铸铁管或 PVC 管独立支撑,顶撑方便,无须进行二次回顶,可重复利用,施工时与支撑架体同时搭设,且又与架体分隔独立,拆除支撑架体时对该独立支撑无影响,可确保后浇带悬臂端无下挠发生,保证后浇带施工质量。

后浇带独立支撑采用铸铁管,一端焊接可调顶托,施工时与整体支撑架体一同施工,同时大圆管顶撑部分模板独立设置,形成独立支撑体系,保证支撑模板整体拆除时,该独立支撑体系无移动、无回顶等情况发生,避免发生后浇带支撑二次回顶的质量问题。

1.7 地下室外墙后浇带提前封闭技术

1.7.1 适用范围

地下室外墙后浇带提前封闭技术适用于房屋建筑工程等。具体操作见图1-26至图1-31。

图1-26 后浇带混凝土盖板支模及配筋　　　　图1-27 后浇带混凝土浇筑

图1-28 防水施工　　　　图1-29 混凝土护角施工

图 1-30 回填土施工

图 1-31 防水封堵施工

1.7.2 特点

(1)采用顶板后浇带提前封闭技术,留置空腔浇筑空间,预埋高 2 m、间距 2 m 的DN200 mm 的无缝钢管,以及采用免振捣自密实混凝土进行空腔部分浇筑,既能规避渗漏风险,也为地下室顶板总平先行提供了条件。

(2)混凝土盖板为现浇,尺寸为宽 800 mm×高 312 mm,预埋镀锌无缝钢管 DN200 mm,间距 2 m,高 2 m。

(3)C30 混凝土浇筑后覆盖一层塑料薄膜,防止混凝土盖板开裂。

(4)混凝土盖板上均增加一道防水附加层,然后满粘二道 4 mm 厚 SBS 防水。

(5)防水保护层为 C20 细石混凝土,宽 800 mm,厚 70 mm,护角的尺寸为长 600 mm×宽 600 mm×高 500 mm,C30 混凝土浇筑。

(6)混凝土浇筑后 SBS 封堵防水。

1.8 顶板后浇带企口技术

1.8.1 适用范围

顶板后浇带企口技术适用于房屋建筑工程等。具体操作见图 1-32 至图 1-35。

图 1-32 100 mm 高吊模施工

图 1-33 拆模施工

图 1-34 顶板防水施工

图 1-35 浇筑防水保护层施工

1.8.2 特点

(1)顶板浇注时,在沿后浇带部位设置 100 mm×100 mm 的结构企口。封闭前,上方设置保护板,可以防止雨、污水落进地库。

(2)地库顶板施工后,直接进行防水施工,再进行保护层施工,在企口处预留 300 mm 的防水卷材接头,后期封闭后再进行防水。

(3)顶板钢筋绑扎完成后,沿着后浇带边缘设置 100 mm×100 mm 的吊模;顶板浇筑;拆模后顶板进行防水施工,防水沿着企口上翻,预留 300 mm 的长接头,浇筑防水保护层;后浇带上部保护,后浇带封闭沿着企口上方浇平;防水搭接满铺,浇筑防水保护层。

◈ 1.9 预制砼/GRC/玻镁板替代砖胎膜技术

1.9.1 适用范围

预制砼/GRC/玻镁板替代砖胎膜技术适用于房屋建筑工程等。具体操作见图 1-36。

传统砖胎膜做法(1)

传统砖胎膜做法(2)

传统砖胎膜做法(3)

预制砼板

GRC 板

玻镁板

图 1-36 预制砼/GRC/玻镁板替代砖胎膜技术工期图

1.9.2 特点

(1)预制板代替砖胎膜可以节约用砖量,节省砌筑、抹灰环节,它比传统砖胎膜更加环保,并且可以解决材料转运的问题,节约了大量劳动力,可以加快完工速度。

(2)预制胎膜可以随意切割,任意拼接,可以在施工难度大的地方使用,加快生产速度,且具有较高的强度、刚度、不透水性及抗冻性,方便快捷。

(3)预制胎膜的固定、安装,充分利用了水泥板废料、施工遗弃的短木方,使施工废料得到重新利用。

(4)预制胎膜表面光滑,无须抹灰处理,可直接做防水基层,既能节省抹灰晒干所需的时间,同时也可以节约大量劳动力,进一步缩短工期。

第 2 章

主体结构

2.1　高强冷轧带肋钢筋应用技术

2.1.1　工艺介绍

高强冷轧带肋钢筋应用技术系由热轧低碳盘条钢筋经过冷轧成型及回火热处理而成。极限强度标准值为 600 MPa,带肋钢筋具有较高的伸长率。

CRB600H 高强冷轧带肋钢筋是在传统 CRB550 冷轧带肋钢筋的基础上,经过多项技术改进,在产品性能、产品质量、生产效率、经济效益等多方面均有显著提升。它的最大优势是以普通 Q235 盘条为原材料,在不添加任何微合金元素的情况下,通过冷轧、在线热处理、在线性能控制等工艺生产,使生产线实现自动化、连续化、高速化作业。直径范围为 5~12 mm。该技术的具体应用见图 2-1、图 2-2。

图 2-1　现浇结构板钢筋应用

图 2-2　现浇结构梁箍筋应用

2.1.2　适用范围

(1)现浇或预制混凝土板(含叠合板)的受力钢筋、分布钢筋及构造钢筋;当用于筏板基础时,可采用并筋的配筋形式,并筋的数量不应超过 3 根。

(2)墙体的竖向和横向分布钢筋。

(3)梁、柱箍筋及剪力墙边缘构件箍筋。

(4)砌体填充墙中的圈梁、构造柱(芯柱)配筋、拉结筋或拉结网片,以及配筋砌体的受力钢筋均可采用 CRB600H 高强钢筋。

2.2　高强钢筋直螺纹连接技术

2.2.1　工艺介绍

高强钢筋直螺纹连接技术是通过钢筋与连接件的机械咬合作用或钢筋端面的承压作用,将一根钢筋的力传递至另一根钢筋的连接方法。

2.2.2 工艺流程

下料→套丝→连接→检查验收。该工艺的重要操作情况如图2-3至图2-7所示。

图2-3 钢筋快速锯床

图2-4 钢筋机械连接接头切除

图2-5 直螺纹丝头通止规检查

图2-6 高强钢筋直螺纹连接套丝质量检查

图2-7 丝头连接检查标识

2.2.3 适用范围

高强钢筋直螺纹连接可广泛适用于直径为 12～50 mm、HRB400 或 HRB500 的热轧带肋钢筋各种方位的同异径连接。

◆ 2.3 承插型盘扣式钢管支撑脚手架

2.3.1 工艺介绍

支撑于地面或结构上可承受各种荷载,具有安全防护功能,为建筑施工提供支撑和作业平台的承插型盘扣式钢管支撑脚手架,它包括混凝土施工用模板支撑脚手架和结构安装支撑架。圆盘式的连接方式是国际主流的脚手架连接方式。合理的节点设计能够使各杆件传力均通过节点中心,连接牢固、结构稳定、安全可靠。高支模支撑架施工及相关设置如图 2-8、图 2-9 所示。

图 2-8　高支模支撑架施工　　　　　图 2-9　高支模支撑架水平防护设置

2.3.2 工艺流程

地基处理→测量放线→安装底座、调整水平→安装立杆、水平杆、斜杆→依据施工图纸调整标高→安装防护措施→安装模板→检查、验收→做好记录。

2.3.3 适用范围

轻型脚手架适用于直接搭设各类房屋建筑的外墙脚手架、梁板模板支撑架等。

◆ 2.4 砌筑工程构造柱、过梁、窗台压顶免支模工艺

2.4.1 工艺介绍

该工艺成型感官质量好,节省工期,构造柱与砌体施工进度可以同时进行。成型后,构造柱与砖砌体表面平整度偏差小,同时不存在传统构造柱施工后对双面胶带的处理问题,降低了后期抹灰施工空鼓开裂的质量风险。

2.4.2　工艺流程

构造柱钢筋绑扎→连锁砌块随砌体同时施工→混凝土浇筑。

2.4.3　适用范围

适用于填充墙砌筑工程中涉及构造柱、窗台压顶、混凝土过梁、施工等。具体应用见图2-10至图2-12。

图2-10　构造柱免支模砌筑

图2-11　窗台压顶免支模砌筑

图2-12　混凝土过梁免支模砌筑

2.5 拉杆式悬挑脚手架应用技术

2.5.1 工艺介绍

拉杆式工字钢悬挑脚手架(见图2-13),通过高强螺栓与结构框架梁锚固,并在前端设置可调拉杆与上一层建筑结构连接,形成可承担荷载的一次超静定结构体系。该挑型钢无须穿墙,无须在室内模板上开洞预埋,无须后期补洞,只要保护主体,消除后期因补洞引起的外墙渗水漏水,确保工程质量。

图2-13 拉杆式工字钢悬挑脚手架

2.5.2 工艺流程

施工准备及施工图设计→悬挑钢梁及构件加工制作→定位放线、预埋套管安装→搭设临时脚手架→安装悬挑工字钢梁→安装上悬斜拉杆、调整、验收→进行上部脚手架搭设、验收→临时脚手架拆除清理。

2.5.3 适用范围

适用于结构悬挑层外挑支撑。

2.6 CL 外墙保温体

2.6.1 工艺介绍

CL外墙保温体(见图2-14)是指把保温材料夹在两层混凝土墙板(内叶墙、外叶墙)之间形成的复合墙板,可达到增强外墙保温节能性能,减小外墙火灾危险,提高墙板保温寿命,从而达到减少外墙维护费用的目的。保温墙板一般由内叶墙、保温板、拉结件和外叶墙组成,形成类似于三明治的构造形式,内叶墙和外叶墙一般为钢筋混凝土材料,保温板一般为B1或B2级有机保温材料,拉结件一般为FRP高强复合材料或不锈钢材质。

(1)

(2)

图 2 - 14　CL 外墙保温体

2.6.2　工艺流程

墙体钢筋隐蔽检查验收完毕→按照设计要求裁割相应尺寸的保温板→绑扎垫块→拼装保温板→安装拉结件并用扎丝与剪力墙钢筋绑扎→封模前隐蔽检查验收→墙体模板安装→上口封闭→浇筑墙体砼→拆模。

2.6.3　适用范围

广泛应用于有保温设计要求的现浇和预制混凝土墙体。

2.7　端部钢筋锚固板连接技术

2.7.1　工艺介绍

针对末端带弯钩的钢筋锚固在钢筋密度大的区域或节点部位穿插锚固困难较大,且常常造成钢筋拥挤、混凝土浇筑困难,进而影响混凝土工程质量的问题,可以考虑采用钢筋锚固板螺纹连接技术。钢筋锚固板连接技术作为替代直钢筋和弯折钢筋锚固的一种机械锚固措施,在钢筋末端设置锚固板,不但可明显减小钢筋锚固长度,而且可避免钢筋密集,保证混凝土浇筑密实。钢筋锚固具体操作见图 2 - 15 至图 2 - 23。

图 2-15　钢筋锚固板

图 2-16　钢筋套丝和锚固板安装

图 2-17　钢筋锚固板连接

图 2-18　粘贴完成带锚固板钢筋

（1）

（2）

图 2-19　试件钢筋布置

图 2-20 试件成型

图 2-21 试件室内试验

图 2-22 现场钢筋锚固板加工

图 2-23 现场锚固板钢筋安装

2.7.2 工艺流程（见图 2-24）

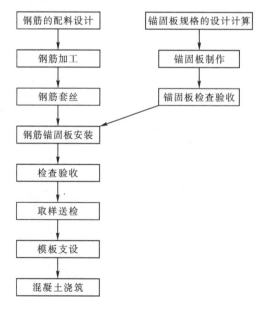

图 2-24 端部钢筋锚固板连接技术工艺流程图

2.7.3 适用范围

锚固板钢筋代替传统弯筋,用于框架结构梁柱节点;代替传统弯筋和直钢筋锚固,用于简支梁支座、梁或板的抗剪钢筋。

2.8 有水房间止水导墙一次浇筑成型技术

2.8.1 工艺介绍

传统的做法是为主体结构地面导墙位置先进行凿毛,然后进行二次浇筑止水导墙,导墙与地面交接部位极易出现渗漏隐患。

止水导墙一次浇筑成型技术采用吊模方式,在板面上焊制定位筋,随主体梁板浇筑时一次成型,既能更好地保证反坎、板的黏结度,加快施工进度,减少渗漏,又能节约成本。止水导墙一次浇筑成型技术的应用具体见图2-25、图2-26。

图2-25 现场止水导墙模板支设　　　图2-26 现场止水导墙浇筑成型

2.8.2 工艺流程

测量放线→定型模板及限位加工→垂直限位安装→止水墙模板支设→限位卡箍安装→标高测量→浇筑楼板混凝土→浇筑止水墙混凝土→拆除止水墙模板→混凝土养护。

2.8.3 适用范围

适用于四周墙体做混凝土翻边止水墙的卫生间等有水房间。

2.9 地下车库外墙后浇带提前封闭技术

2.9.1 工艺介绍

传统地下车库外墙后浇带需要主体结构封顶,沉降稳定后并经设计单位同意后方可封闭,但后浇带封闭较晚,严重制约了周边回填土的时间,采用预制盖板提前在车库外墙后浇带外侧进行封闭,为场外尽早回填土提供条件,缩短总工期。同时,封闭后相当于在后浇带多一层保护,可以有效避免后期外墙渗漏风险。

2.9.2　工艺流程

外墙后浇带盖板预制→预制盖板安装固定→防水施工→回填土施工→后浇带混凝土浇筑。

2.9.3　适用范围

适用于地下车库外墙后浇带位置。

◈ 2.10　外用施工升降机吊笼翻板 ————————————

外用施工升降机吊笼翻板,见图 2-27。

2.10.1　工艺介绍

施工升降机的升降机吊笼门一般采用上下抽拉门。为安全考虑,规定吊笼与建筑楼板间隙不得大于 50 mm。在实际使用中,由于建筑结构外飘窗阳台板等造型的影响,会导致层站与升降机吊笼间距较大,一般会在吊笼和建筑物之间搭设钢管脚手架运料平台。

考虑到运料平台搭拆费用和安全因素,采用吊笼翻板作为吊笼与建筑物之间的连接平台,既可以节省搭拆架体的费用,又可以减少安全隐患。

图 2-27　外用施工升降机吊笼翻板

2.10.2　适用范围

该升降机吊笼翻板可广泛应用于高层建筑施工中。

◈ 2.11　预留洞口成品吊模施工技术 ————————————

2.11.1　工艺介绍

采用可组装式 PVC 吊模(见图 2-28),通过螺栓连接紧贴楼板卡在管道上,对准卡槽,压下两侧金属卡扣,卡紧两端即可。可取代传统铁丝吊胶合板的复杂工序,解决了预留洞口施工烦琐的问题。

施工速度快,安装极为方便快捷,现场施工图如图2-29所示。可一人在楼下独立操作,几秒钟即可安装完成。拆模时仅需一人在楼下操作,拆模迅速。可以提高施工效率,节省人工投入。可多次重复利用,不须反复购买胶合板和铁丝,不须木工制作,节约材料开支。施工面平整光洁,产品与管道及楼板接合紧密,砂浆不易渗漏,提高了施工质量标准,提升了企业在施工技术和施工质量方面的形象。施工后,墙壁和管道干净整洁,无须后期再投入人工清理凿磨。上下层之间不须穿铁丝连接,杜绝由此引发的渗水隐患。操作简单、便捷,可以加快施工进度,减少材料浪费,保证施工质量,可周转使用,节约成本投入。

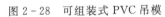

图2-28　可组装式PVC吊模　　　　　　图2-29　现场吊模施工

2.11.2　适用范围

建筑楼层内立管预留洞口的封堵。

◈ 2.12　井道式施工升降机

2.12.1　设备介绍

井道式电梯安装在正式电梯通道内,不占用外墙空间,外墙可以一次性施工;而且井道式电梯启停运行平稳;井道式电梯较传统电梯更节能;井道式电梯使用不受天气影响,无须设置进料平台,减少安全隐患和钢管租赁费用,无须留置施工洞口,大幅减少外墙渗漏隐患,节省施工周期;井道式电梯提升速度为传统电梯的3倍,它是一个自动平层,使传统人货梯平层完全靠司机经验这一不足得以改进。

2.12.2　安装工艺流程

开工前的检查及安全准备→安装工作平台→根据布置图在机房中制作样板→安装主机、控制柜、钢丝绳→安装随动电缆→安装对重架、对重导向绳防晃→安装最底端主副导轨→安装底坑设备→组装吊笼→吊对重及补偿绳→挂曳引绳→控制柜接线→检查抱闸、安全钳,拆除顶层安全平台→动慢车调导轨安装井道设备→准备调试检测。

2.12.3 适用范围

主要应用于高层建筑砌筑工程及后续装饰装修工程。

◈ 2.13 提升式电梯井操作钢平台技术 ────────

2.13.1 工艺介绍

工程前期根据楼栋电梯井道尺寸采用工字钢作为骨架,上铺钢板,制作成三角式定型化电梯井操作平台。通过运用该操作平台实现了电梯井安全防护随主体结构的升高逐层提升,安装操作简便、快捷,加快了施工速度,提升了作业面的安全保障。其可拆卸、可重复利用性有效节省了施工工期和成本。电梯井操作平台设计图及现场安装图见图 2-30 至图 2-32。

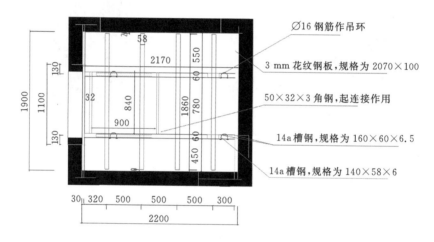

图 2-30 电梯井操作钢平台设计平面图

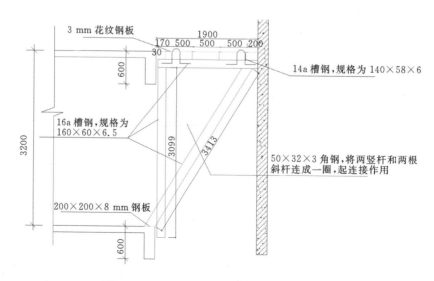

图 2-31 电梯井操作钢平台设计立面图

图 2-32 电梯井操作钢平台现场安装图

2.13.2 适用范围

应用于主体结构及二次砌筑工程中电梯井道的安全防护和作业平台。

◈ 2.14 BIM 施工管理技术

2.14.1 技术介绍

基于 BIM 模型对施工各阶段的场地地形、临时道路及设施、加工区域、材料堆场、临水临电、安全文明施工设施等进行优化布置,以实现科学合理的场地布置。基于 BIM 模型的场区、地下车库管线布置如图 2-33、图 2-34 所示。

BIM 管线综合技术可将建筑、结构、机电等专业模型整合,便于深化设计和碰撞检查,根据碰撞报告结果对管线进行调整、优化。

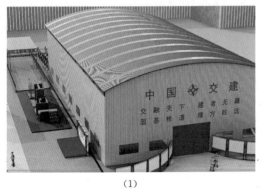

(1)

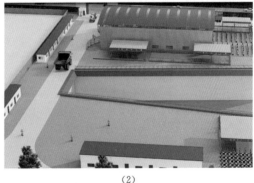

(2)

图 2-33 基于 BIM 模型的场区布置

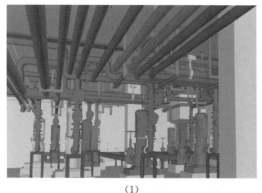
(1)

(2)

图 2-34 基于 BIM 模型的地下车库管线布置

2.14.2 适用范围

BIM 施工管理技术广泛适用于建筑工程项目施工阶段的深化、场布、施组、进度、材料、设备、质量、安全等环节的现场协同动态管理。

2.15 激光水平仪应用

2.15.1 仪器设备介绍

该仪器可以通过自锁装置固定到所砌筑墙体上部结构梁上,通过仪器发出的竖向激光,来控制砌筑墙体的整体垂直度和水平度,使用简单方便。墙体垂直仪梁底固定如图 2-35 所示。

(1)

(2)

图 2-35 墙体垂直仪梁底固定

2.15.2 适用范围

广泛应用于二次砌筑工程、装饰装修工程。

2.16 建筑用成型钢筋制品

2.16.1 技术介绍

建筑用成型钢筋制品应用是指由具有信息化生产管理系统的专业化钢筋加工机构进行钢筋大规模工厂化与专业化生产、商品化配送,具有现代建筑工业化特点的一种钢筋加工方式。主要采用成套自动化钢筋加工设备,经过合理的工艺流程,在固定的加工场所集中将钢筋加工成工程所需的成型钢筋制品。图2-36为一种定型化钢筋马凳。

(1)

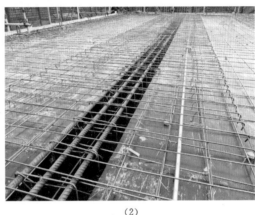
(2)

图2-36 定型化马凳

2.16.2 适用范围

该项技术可广泛应用于各种现浇混凝土结构。该项技术是伴随着钢筋机械、钢筋加工工艺的技术进步而不断发展的,其主要技术特点是加工效率高,质量好;降低加工和管理综合成本;加快施工进度,提高钢筋工程施工质量;节材节地,绿色环保;有利于高新技术推广应用和安全文明工地的创建。

2.17 塑料成品马凳应用

2.17.1 技术介绍

塑料马凳(见图2-37)是在楼层底部的楼层垫块时使用的,用来衬托第二层钢筋,其顶部有凹槽设计,当钢筋放上马凳时使其牢牢卡在上面,防止钢筋脱落。

图 2-37　塑料成品马凳

2.17.2　适用范围

该项技术可广泛应用于各种现浇混凝土结构,无论是从经济、技术上考虑,还是从生产上考虑,塑料马凳代替钢筋马凳已大势所趋。

2.18　二次结构植筋打孔装置

2.18.1　技术介绍

建筑的二次结构在施工过程中需要进行植筋操作,其本身的过程比较烦琐,首先需要在植筋的柱、梁、墙板或者楼板等位置打孔,对于一般的竖墙或者构造柱来说,由于施工人员施力比较方便,打孔会比较容易。但是对于梁或者楼板等位置进行打孔就麻烦得多,需要工人配合脚手架,然后向上打孔,同时由于梁的下铁比较密集,容易卡钻,加之工人是仰面作业,容易造成扭伤等问题。另外,打孔深度若不符合规范,会导致二次结构植筋拉拔试验失败等问题。该装置通过把手便可控制打孔器上下运动,利用开关控制打孔器工作,使用简单方便。二次结构植筋打孔装置如图 2-38 所示。

（1）　　　　　　　　　　（2）

图 2-38　二次结构植筋打孔装置

2.18.2　适用范围

该项技术可广泛应用于建筑中二次结构的施工,需要仰面向梁或者楼板等位置进行打孔。

✦ 2.19　阳台预留栏杆杯口技术 ——————————

2.19.1　适用范围

适用于房屋建筑工程等。

2.19.2　特点

在墙体上预留立杆杯口,再用高强度无收缩砂浆进行封口,使栏杆更加稳固,且施工效率得到提升,稳定及安全性高,耐久性好。阳台预留栏杆杯口技术的具体应用如图 2-39 至图 2-42 所示。

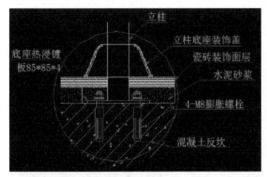

图 2-39　传统节点设计

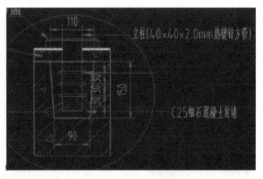

图 2-40　杯型口节点设计

图 2-41　专用压模器

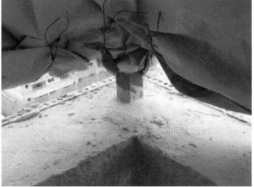

图 2-42　成型效果

✦ 2.20　外窗台砼结构企口成型定型化模具技术 ——————

2.20.1　适用范围

该技术适用于房屋建筑工程等。该技术的具体应用如图 2-43 至图 2-48 所示。

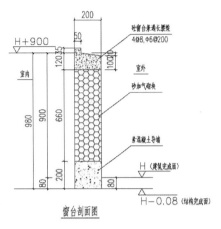 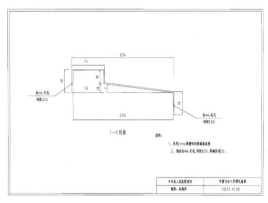

图 2-43　防渗漏外墙窗台企口节点　　　图 2-44　定型化模具深化设计图

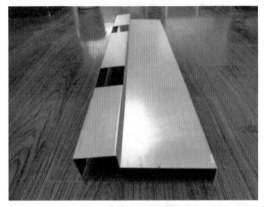 

图 2-45　定型化模具成品　　　　　图 2-46　安装及加固

图 2-47　混凝土浇筑　　　　　　　图 2-48　成型效果

2.20.2 特点

借鉴预制楼梯整体钢模成型的方法,对外窗台企口采用定型化钢板模具,根据方案节点图上的企口尺寸,采用 2 mm 厚镀锌薄钢板折板加工一体成型,做成扣盖型定型化模具,与窗台木模侧模相结合,仍采用木夹子加固方式,保留木工操作习惯,安拆方便,成型效果好。对由拆模不慎导致企口断裂,削弱企口防渗漏效果的情况,采用本工艺可以避免。

减少企口吊模施工时间,提高 3 倍效率,减少后期泥工修补维修成本,每个窗台企口可节约人工费 15～20 元。

2.21 卫生间 R 角铝模一次成型技术

2.21.1 适用范围

适用于房屋建筑工程等。该技术的具体应用如图 2-49 至图 2-54 所示。

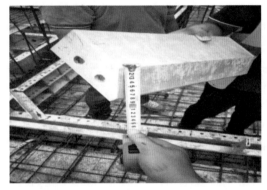

图 2-49 模具检查清理

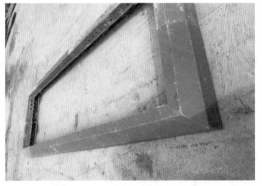

图 2-50 卫生间沉箱吊模组装

图 2-51 吊模安装固定

图 2-52 混凝土浇筑

图 2-53　吊模拆除　　　　　　　　图 2-54　成型效果

2.21.2　特点

采用一次成型无缝黏结结构,减少工序,降低防水层 R 角开裂破坏防水层的风险。在卫生间实施铝模,在底部增加导 R 角铝模板,浇筑混凝土后一次成型,不会增加成本,为施工带来便利。

2.22　全砼卫生间技术

2.22.1　适用范围

适用于房屋建筑工程等。该技术的具体应用如图 2-55 至图 2-60 所示。

图 2-55　脱模剂涂刷　　　　　　　　图 2-56　墙板立模安装

图 2-57　梁板安装

图 2-58　平板安装

图 2-59　立杆支撑

图 2-60　斜撑安装

2.22.2　特点

　　卫生间优化成全砼,随主体一次成型,墙面刚度增大,杜绝后期渗漏隐患;墙体可实现免抹灰,杜绝后期空鼓隐患,真正实现"零渗漏""零空鼓",且卫生间优化全砼后减少了大量的砌筑,减少量约为 1/3。两人进行砌筑,单层砌筑用时仅需 1.5 天,可以有效地提高生产能效。不增加成本,可以为施工带来便利。

◈ 2.23　新型铝窗填塞材料应用技术 ──────────

2.23.1　适用范围

　　适用于房屋建筑工程等。该技术具体应用见图 2-61 至图 2-66。

图 2-61　浆料搅拌

图 2-62　清理缝隙

图 2-63　压力枪灌浆

图 2-64　清理溢浆

图 2-65　待硬化

图 2-66　成品效果

2.23.2　特点

(1)项目铝窗渗漏合格率近100%,集团季度检查和事业部月度检查合格率100%。

(2)传统工艺主要依靠防水层闭水,长期防水效果不可靠;新工艺靠自身进行刚性防水,长期效果明显。

(3)节约时间成本,传统工序为"填塞+淋水+防水+淋水",新技术仅为"填塞+淋水",减少一半工序。

(4)防水涂刷易污染墙面,新工艺不存在污染问题。

◈2.24　砖体预留空腔砌筑免开槽技术

2.24.1　适用范围

适用于房屋建筑工程等。该技术的具体应用见图2-67至图2-69。

图 2-67　边砌筑边安装

图 2-68　底盒安装

图 2-69　成型质量

2.24.2　特点

提前深化砌体排版图,精准确定水电线盒在砌体上的位置。

提前识别工艺实施技术难点,现场对班组施工师傅进行跟踪,提供相应的技术指导。

砌筑施工时,水电班组同步跟踪施工,根据砌体排版图及线盒标注位置,在对应砌块上进行加工开孔并安装好相应的线管线盒。

◈ 2.25 XPS 减重墙体应用技术 ————————————

2.25.1 适用范围

XPS(extruded polystyrene)的全称为挤塑聚苯乙烯泡沫塑料。XPS 具有完美的闭孔蜂窝结构,这种结构让 XPS 板有极低的吸水性(几乎不吸水)、低热导系数、高抗压性及高抗老化性(正常使用无老化分解现象)。适用于房屋建筑工程等。该技术的具体应用见图 2-70 至图 2-72。

图 2-70 XPS 限位固定

图 2-71 管线固定

图 2-72　成型效果

2.25.2　特点

全铝模体系外围护填充墙体及建筑内部 200 mm 厚的砌筑墙体均可采用现浇混凝土轻质墙体。因传统意义上抹灰墙体易出现空鼓、开裂等现象,砌筑墙体需做抹灰处理。免抹灰可以减少施工工期,降低成本,节能减排。

✧ 2.26　混凝土墙给水预埋技术

2.26.1　适用范围

适用于房屋建筑工程等。该技术的具体操作见图 2-73 至图 2-78。

图 2-73　预制开孔

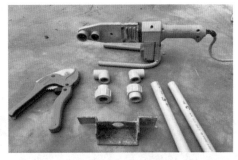

图 2-74　材料准备,现场熔接

图 2-75　水管固定

图 2-76　模板安装

图 2-77 点位锁定、加固   图 2-78 混凝土浇筑

2.26.2 特点

全现浇外墙,卫生间水管预埋采用直接预埋在混凝土中。对比传统压槽方式,采用墙内给水预埋技术,保证剪力墙上免压槽修补,仅需在上下接头位置碰口修补处理,方便施工且降低空裂风险。

2.27 外架连墙件预埋技术

2.27.1 适用范围

适用于房屋建筑工程等。该技术的现场成型效果如图 2-79、图 2-80 所示。

(1)   (2)   (3)

图 2-79 现场成型效果(应用前)

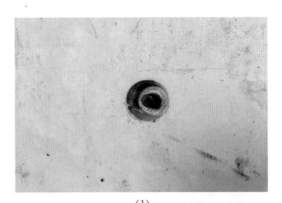

（1）

（2）

（3）

图 2-80　现场成型效果（应用后）

2.27.2　特点

（1）采用外架连墙件预埋技术，将连墙件位置预埋到楼板及梁侧面，该位置墙体施工时可一次成型，降低外墙渗漏风险。

（2）在主体结构施工时，将连墙件预埋到楼板及梁侧面，该位置墙体施工时可一次成型，降低外墙渗漏风险。

（3）外架搭设后，墙体位置施工无连墙件影响。

2.28　外墙螺栓孔胶塞封堵技术

2.28.1　适用范围

适用于房屋建筑工程等。该技术的现场成型效果如图 2-81、图 2-82 所示。

（1）

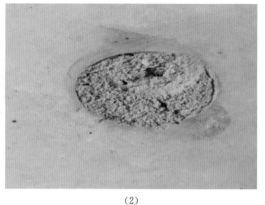

（2）

图 2-81　现场成型效果（应用前）

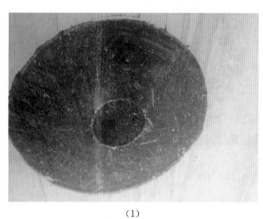

（1）

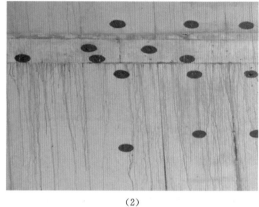

（2）

图 2-82　现场成型效果（应用后）

2.28.2　特点

采用锥形防水胶塞。胶塞的硅橡胶材料经过高温硫化成型，化学性能稳定，富有弹性，密封严实，防水性能好。

2.29　高精砌块成品过梁技术

2.29.1　适用范围

适用于房屋建筑工程等。该技术的现场成型效果如图 2-83、图 2-84 所示。

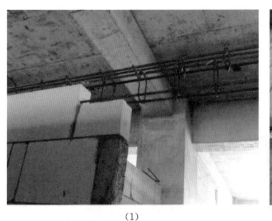

(1)

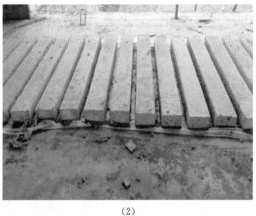

(2)

图 2-83 现场成型效果(应用前)

(1)　　　　　　　　　　　　　　(2)

(3)　　　　　　　　　　　　　　(4)

图 2-84 现场成型效果(应用后)

2.29.2 特点

材质为高强砂加气砼,强度与砼过梁一致,内配钢筋,外观与高精度砌块一样,砌筑品质得以提高;厂家直接供货,与砌筑一同施工,不占用工期,后续抹灰工序可快速介入,材料费用基本与砼相同,无须支模,节省人工费,成本大大降低。

2.30 给水管线预留槽模具技术

2.30.1 适用范围

适用于房屋建筑工程等。该技术的具体应用如图2-85、图2-86所示。

图2-85 现场安装施工　　　　　　　　　图2-86 成型效果

2.30.2 特点

采用DN65的钢管半切,并在管两侧焊接固定片,既满足图纸中对预留沟槽的标准(≥DN+20 mm),又减少了施工困难,提升沟槽预留的施工品质。

2.31 高层废水及垃圾输送管道技术

2.31.1 适用范围

适用于房屋建筑工程等。该技术的具体安装及效果见图2-87、图2-88。

2.31.2 特点

无须楼板开孔,安装便捷,避免扬尘;能将固体垃圾及污水自动分类集中排放,能将诸多废水、污水收集并进行沉淀以回收利用;减少人工清运量,运输效率高,省时省工,降低施工电梯负荷,利于保证井道电梯运行。

图 2-87 现场管道安装 图 2-88 现场安装效果

2.32 方圆新型剪力墙加固件技术

2.32.1 适用范围

适用于房屋建筑工程等。该技术的具体应用见图 2-89 至图 2-92。

2.32.2 特点

采用定型方圆新型剪力墙加固件,产品操作简单,安装拆除便捷。可以使垂直、平整度偏差得到有效控制,大幅降低跑模、胀模隐患,质量观感提升明显。可以提升速度,缩短工期,降低人工、材料的使用成本。

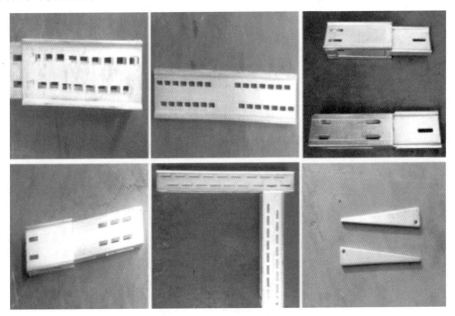

图 2-89 加固件

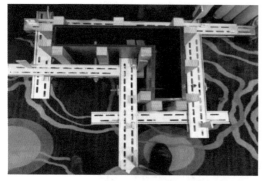

图 2-90　加固方式

图 2-91　现场加固施工

图 2-92　现场成型效果

2.33　砌体快速开槽装置技术

2.33.1　适用范围

适用于房屋建筑工程等。该技术的具体应用见图 2-93 至图 2-96。

2.33.2　特点

(1)制作方便,操作简单,开槽速度快,施工现场干净有序。制作成本可忽略,开槽效率可提升约 25%。

(2)上部包含两部分:走砖平台和卸料板。走砖平台和卸料板均使用木方模板拼装。

(3)下部包含三部分:支架、电动机和锯齿轮。支架采用 50 角钢及圆钢焊接。

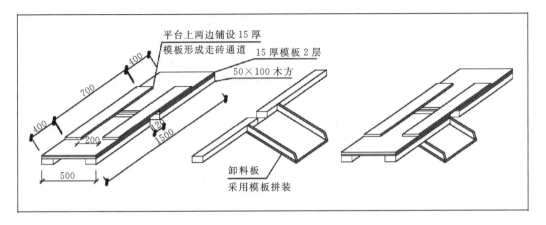

图 2-93　开槽装置上部结构图

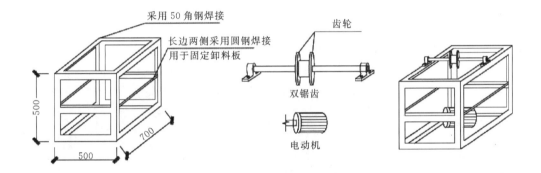

图 2-94　开槽装置下部结构图

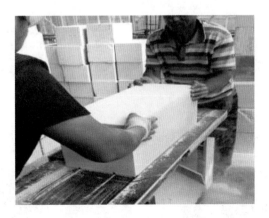

图 2-95　快速开槽操作示意图

（1）   （2）

图 2-96　砌体开槽成型效果

2.34　建筑垃圾制砖工艺技术

2.34.1　适用范围

适用于房屋建筑工程等。该技术的应用操作见图 2-97 至图 2-102。

图 2-97　拆改并将建筑垃圾归堆   图 2-98　建筑垃圾移动破碎

图 2-99　加入水泥搅拌   图 2-100　移动制砖机压制

图 2-101　托板运输砖块　　　　　　　　　图 2-102　砖块堆码存放

2.34.2　特点

将拆改产生的建筑垃圾免费交由本地一家建筑垃圾再生企业处理,用移动破碎机和移动制砖机直接将建筑垃圾转化为标准水泥砖,再生砖满足规范要求,用于本项目新建墙体,形成一个资源使用闭环,既节约资源,又保护环境,同时还能降低成本。

✦ 2.35　无尘线管开槽机技术

2.35.1　适用范围

适用于房屋建筑工程等。该技术的应用操作见图 2-103、图 2-104。

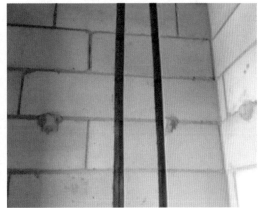

图 2-103　现场开槽施工　　　　　　　　　图 2-104　现场成槽质量

2.35.2　注意事项

(1)运用无尘开槽机、吸尘器、220V 插座、储尘袋等。

(2)需要检查锯片及储尘袋是否安装牢固。

(3)通电后,保证安全才开始施工。

✧ 2.36　地坪激光振平机技术

2.36.1　适用范围

适用于房屋建筑工程等。该技术的应用操作见图 2-105 至图 2-109。

2.36.2　特点

(1)采用激光振平机替代传统工艺,简易高效,施工质量高,地面整体性更好,可以有效减少劳动力投入,减轻劳动负荷,减少资源投入。

(2)人员投入较传统工艺减少 50%,单班工效为传统工艺的 4 倍,且劳动强度降低,后期维修减少。

图 2-105　激光抄平仪放线

图 2-106　振平机对光调平

图 2-107　振平机振捣初找平

图 2-108　振平机精找平

图 2-109　找平后成型效果

2.37　智慧工地应用技术

2.37.1　适用范围

适用于房屋建筑工程等。该技术的应用及操作系统见图 2-110 至图 2-114。

2.37.2　特点

基于 BIM 的智慧工地平台管理系统,通过在施工现场布置各种传感器设备和无线传感网络,将各类数据集成至自主开发的智慧工地平台中,由云端服务器对数据进行智能处理,同时与反馈控制机制联动,实现对施工现场人、机、料、法、环的全面监控与分析,对项目业务流程进行全面管控。

图 2-110　智慧工地云平台控制中心

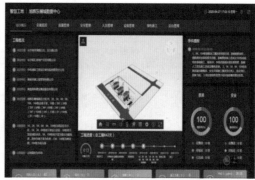

图 2-111　智慧工地云平台 PC 端主界面

图 2-112　劳务管理系统

图 2-113　全景监控系统

图 2-114　安全巡检系统

✤ 2.38　组合式套管预埋技术

2.38.1　适用范围

适用于房屋建筑工程等。该技术的应用操作见图 2-115 至图 2-119。

2.38.2 特点

根据管井内管道布置的规格间距,对套管进行成套预制、成套安装,安装时整体固定在底筋或柱筋上,后期成活质量明显改善。

可节约总包成本,且基本可消除不必要的返修。

本技术可提高人工效率,降低不合格品的返工率。

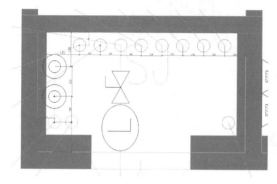

图2-115 现场对图纸进行深化定位

图2-116 现场组合定位制作

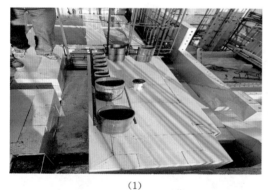

(1)

(2)

图2-117 现场安装照片

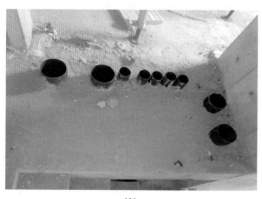

(1)

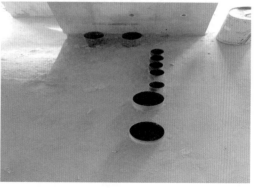

(2)

图2-118 浇筑完成图

图 2-119　现场成型效果图

◈ 2.39　排水管支架预埋技术

2.39.1　适用范围

适用于房屋建筑工程等。该技术的应用见图 2-120 至图 2-122。

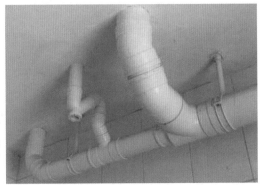

图 2-120　现场定位安装　　　　　　　图 2-121　应用前成型质量

图 2 - 122　应用后成型质量

2.39.2　特点

采用排水管支架预埋的方式,在混凝土浇筑前,将排水管支架孔模具在模板上定位后安装,后期拆模后可直接安装排水管,省去开孔工序,可以有效地节约工期和人工成本。

前期精准定位,预埋施工,避免后期打眼破坏预埋线管,保证施工质量。

2.40　穿筋线盒技术

2.40.1　适用范围

适用于房屋建筑工程等。该技术的应用见图 2 - 123 至图 2 - 125。

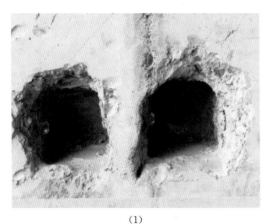

(1)

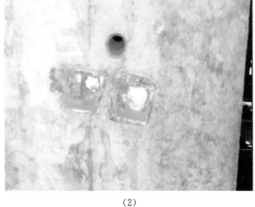

(2)

图 2 - 123　传统工艺

(1)   (2)

图 2-124　自扣式穿筋线盒安装

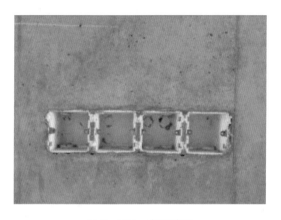

图 2-125　成型质量

2.40.2　特点

(1)在材料加工区组装好线盒及管件,进行线盒定位。

(2)采用自扣式穿筋线盒,直径为 8 mm 的钢筋上下穿过线盒,再将钢筋点焊在剪力墙或柱子主筋上,用两根直径为 8 mm、长度小于墙体厚度 2 mm 的钢筋,垂直于模板焊接在主筋上,用于保证混凝土浇筑后线盒的成型效果,与墙面平行。

(3)贴膜率达 98%,线盒不易偏位,方便后期安装面板,且不易出现黑缝。

✧ 2.41　施工临电预埋暗敷技术 ───────────

2.41.1　适用范围

适用于房屋建筑工程等。该技术的应用见图 2-126、图 2-127。

图 2-126 现场预留管线预埋   图 2-127 成型效果

2.42.2 特点

(1)采用主体内预埋管线,临电穿管,暗敷上楼,保证施工用电安全,现场管理可控。

(2)提高用电可靠性、安全性,有利于现场安全文明施工。

2.42 管道油漆烤漆技术+预制成品支架技术

2.42.1 适用范围

适用于房屋建筑工程等。该技术的应用见图 2-128 至图 2-132。

图 2-128 管道烤漆   图 2-129 烤漆完成的管道

图 2-130　支架断料

图 2-131　支架焊接

(1)

(2)

图 2-132　成品图片

2.42.2　特点

(1)管道油漆采用烤漆技术,表面光滑透亮,观感十足。

(2)工厂预制支架,自动化加工设备,流水线生产,油漆也是用烤漆技术。

(3)预制成品支架,人工成本节约 20%。

✧ 2.43　加工房电缆桥架技术

2.43.1　适用范围

适用于房屋建筑工程等。该技术应用后成型效果及细节见图 2-133 至图 2-136。

图 2 – 133　现场成型效果

图 2 – 134　应用前成型效果

图 2 – 135　应用后成型效果

图 2 – 136　电缆桥架细部节点

2.43.2　特点

现场加工房均采用在立柱及钢梁上安装镀锌金属防火桥架,将电缆线放置于防水桥架中起着安全保护的作用,采用此方式可完全依据现场主电箱位置、机械位置、电箱位置进行定位,随机性很强,不受场地限制,更方便后期线缆检查。

2.44　液压切割打孔技术

2.44.1　适用范围

适用于房屋建筑工程等。该技术的应用操作及成型效果见图 2 – 137 至图 2 – 141。

2.44.2　特点

采用液压机切割打孔的方式,定位线画好后,直接液压机切割打孔成型。
切口整齐美观,省去了打磨工序,可以有效地节约工期和人工成本。

图 2-137　角钢放线定位　　　　　　图 2-138　液压机切割、打孔

图 2-139　切割后成型效果　　　　　图 2-140　角钢支架安装成型效果

　　　　　　(1)　　　　　　　　　　　　　　　(2)

图 2-141　现场成型效果

2.45 预埋桥架技术

2.45.1 适用范围

适用于桥梁建筑工程等。该技术的应用操作见图 2-142 至图 2-146。

2.45.2 特点

桥架于主体施工期间预埋于结构内,无须拆除,后期直接在电井安装连接,减少封堵。减少防火封堵量,节约材料及人工成本。

图 2-142 预埋桥架

图 2-143 预埋桥架与支管连接

图 2-144 连接件与铝模固定

图 2-145 桥架浇筑之前

图 2-146 成型质量

🔷 2.46 瓷砖干挂技术 ─────────────────────────

2.46.1 适用范围

适用于房屋建筑工程等。该技术的应用操作见图 2-147 至图 2-150。

2.46.2 特点

无龙骨干挂技术分为背栓式、铠装式等,均属于饰面板预处理技术,作用是使饰面板具备干挂条件。铠装技术是采用机械在饰面板棱边精确加工一个工艺槽,并利用工艺槽植入金属 S 挂件,使其具备干挂条件。

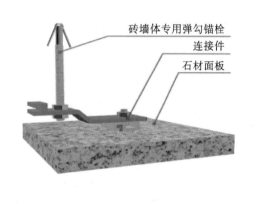
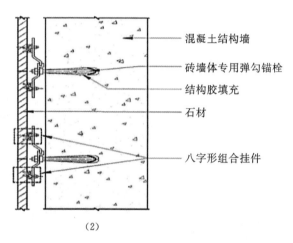

（1）   （2）

图 2-147 工艺节点

图 2-148 石材安装

(1)

(2)

(3)

图 2-149　瓷砖安装

图 2-150　成型质量

2.47　壁纸空铺工艺技术

2.47.1　适用范围

适用于房屋建筑工程等。该技术的应用操作见图 2-151、图 2-152。

2.47.2　特点

(1)施工时效:提升 50%;减少穿插施工,可取代石膏及腻子层作业,缩短精装施工周期。

(2)环保要求:零甲醛,高环保标准。

(3)功能性强:拥有隔音、隔热、环保、防潮、平整时效快、不翘边等优点。

（4）使用便捷：可擦洗，易维修，损坏的面层揭掉更换新面层即可。

（1） （2）

（3） （4） （5）

图 2-151　工艺节点

图 2-152　成型效果

◈ 2.48　卫生间门槛石防渗水技术

2.48.1　适用范围

适用于房屋建筑工程等。该技术的应用成型质量见图 2-153、图 2-154。

图 2-153　成型质量(应用前)

图 2-154　成型质量(应用后)

2.48.2　特点

(1)浇筑反坎前增加一条止水钢板,两头植入墙面,降低渗水风险。

(2)增加镀锌钢板成本,提升品质。

❖ 2.49　墙砖标高精准控制技术

2.49.1　适用范围

适用于房屋建筑工程等。该技术的具体应用见图 2-155 至图 2-158。

图 2-155　顶高器图

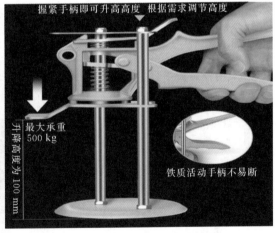

图 2-156　使用方法

图 2-157 使用展示

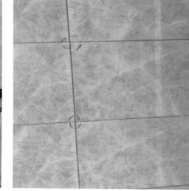

图 2-158 现场成型效果

2.49.2 特点

(1)采用瓷砖顶高器调平器替代传统铺贴,简易快捷,有效避免瓷砖拼缝错位问题。

(2)一套工具 46.4 元,且都可以重复循环使用,基本控制成本。

2.50 瓷砖接缝高低差调节技术

2.50.1 适用范围

主要适用于装饰修工程中墙地砖铺贴施。该技术的操作应用见图 2-159 至图 2-162。

2.50.2 特点

(1)采用瓷砖调平器替代传统铺贴,简易快捷,有效避免瓷砖拼缝高低差质量问题。

(2)工具价格低廉,且可以重复循环使用,基本有效控制成本。

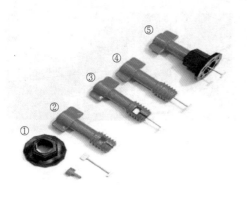

图 2-159 定位找平器

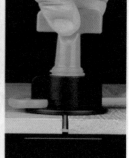

使用前   使用后

图 2-160 使用对比

图 2-161 操作演示

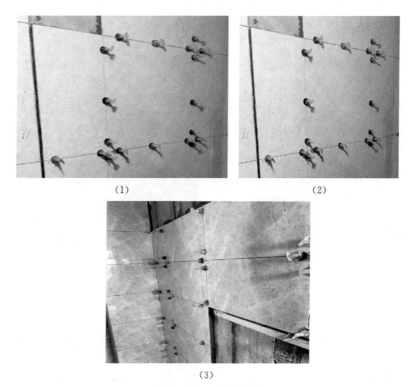

（1）   （2）

（3）

图 2-162 呈现效果

✧ 2.51 高压水枪拉毛技术 ——————————————

2.51.1 适用范围

适用于房屋建筑工程等。该技术的具体应用及操作见图 2-163 至图 2-168。

2.51.2 特点

无须按传统方法抹灰找平、挂网,节省物料人工,省时省工。能有效破除表面水泥浆层,能使水泥膏、瓷砖胶更好地渗入墙体,达到永固;并且因有水的冲刷,能起到养护墙体及清洗内墙体表层的作用。拉毛处理后,冲刷掉灰尘颗粒,表面既干净又有粗糙度,防水涂料粘接强度更加有保障,创造永固贴砖作业面。

图 2-163　设备放置指定位置

图 2-164　水电接驳

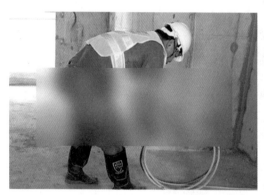

图 2-165　高压水管接驳

图 2-166　试机

图 2-167　墙体拉毛

图 2-168　成型效果

◈ 2.52 装配蜂巢芯技术

2.52.1 适用范围

适用于跨度较大的建筑,具有天花平整的效果等。该技术的具体应用及操作见图2-169至图2-173。

2.52.2 特点

(1)抗震性能好,保温、隔热、隔音性能好。

(2)预制构件小型化、标准化,运输、吊装、施工简便。

(3)设计计算简便。

(4)经济性较好。

(5)施工质量易于控制,效果与现浇混凝土结构无异。

(6)预制率高。

(7)方便后期砌筑隔墙及开洞处理。

(8)管道安装及吊装方便。

(9)蜂巢芯楼盖为暗密肋楼盖,底板对楼板的刚度贡献可达70%以上,强度计算时不考虑底板的作用。对于盈建科计算软件,可在空心楼盖中选T型截面,楼板厚度取实际厚度20 mm,减少的混凝土厚度自重增加到外加恒载中,同时还需加上蜂巢芯的重量(可取1 kN/m²),主受力方向的肋梁底部钢筋置于下部。

(1)

(2)

图2-169 支架搭设

（1）

（2）

图 2 - 170　安装预制底板

（1）

（2）

图 2 - 171　安装肋板钢筋

图 2 - 172　安装箱体及面板筋　　　　　　图 2 - 173　混凝土浇筑

◇ 2.53　钢管桁架预应力混凝土叠合底板技术

2.53.1　适用范围

适用于大规模的公共项目,如商业广场、商务写字楼、室内停车场、地铁站厅、学校、医院等建筑。该技术的具体应用及操作见图 2-174。

2.53.2　特点

(1)标准化程度高,长线张拉生产,生产效率高。

(2)很薄、很轻的叠合板:预制底板最小仅为 35 mm,自重约 100 kg/m²。装载率高,运输成本低,供应半径大。

(3)桁架+钢棒,刚度最大,无须模板,3 m 左右设一道支撑,钢结构,能多层穿插施工,节省支撑与工期。

(4)用钢量最省,采用预应力钢丝,抗拉强度为三级钢的 4.2 倍,底筋比其他叠合板用钢量节省 60%。

(5)抗裂性能好,采用预应力可以极大提高现浇混凝土的抗裂性能。

(6)可形成双向板,底板厚度小,垂直板方向设置受力钢筋后可形成双向板受力。

(1)装载运输　　　　　　(2)穿管线　　　　　　(3)安装

(4)安装　　　　　　(5)浇筑混凝土　　　　　　(6)拆模后效果

图 2-174　钢管桁架预应力混凝土叠合底板技术应用图

◇ 2.54　自承力预应力网梁体系技术

2.54.1　适用范围

适用于桥梁、多层工业厂房、高层建筑、大跨径薄壳结构、基础岩土工程、海洋工程等技术难度较高的大型整体或特种结构。该技术的具体应用及操作见图2-175。

2.54.2 特点

(1)预制预应力网肋板跨度大,载荷强,无须再设次梁。

(2)网肋PC板实现了工厂流水线生产,生产效率高,钢筋用量省,构件质量好。

(3)施工现场免支模、免下部钢筋绑扎等施工工序,施工工期短、绿色环保,符合国家对建筑工业化的发展要求。

(4)钢框梁与上部预制现浇混凝土形成钢-混凝土组合构件,增大了钢梁的刚度,提高了楼板的舒适性。

(5)高强度的预应力筋及其卸载功能加大了楼板的跨高比,减少了楼板厚度,提升了净空高度。

(6)钢-混凝土组合构件减少了钢构件的设计高度,减少了主框梁钢材用量。

(7)综合造价省。

(1)网肋板加载实验

(2)网肋板加载实验

(3)网肋板加载实验

(4)20.55 m肋板破坏性实验

(5)30 m肋板加载实验

(6)应用实例

图2-175 自承力预应力网梁体系技术应用图

◈ 2.55 定型限位卡扣式模板加固技术

2.55.1 适用范围

适用于房屋建筑工程等。该技术的具体应用及操作见图2-176。

2.55.2 特点

采用的定型限位卡扣均为标准扣件,直接安装,施工速度快。无须专业工种,普通工人即可完成,有效避免漏浆、胀模等质量风险。重复利用率高,重量轻,搬运方便,拆除简单。

(1)现场安装　　　　　　　　　　　　　　(2)成型效果

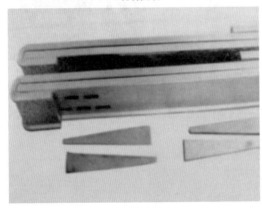

(3)卡扣支撑　　　　　　　　　　　　(4)卡扣支撑安装示意图

图 2-176　定型限位卡扣式模板加固技术应用图

✦ 2.56　地下室外墙后浇带提前封闭技术 ──────────

2.56.1　适用范围

适用于房屋建筑工程等。该技术的具体应用及操作见图 2-177。

2.56.2　特点

采用预制 PC 板,提前在地库外墙后浇带外侧进行封闭,为场外尽早回土提供条件,可缩短总工期。同时封闭后相当于在后浇带多了一层防护,有效避免后期外墙渗漏。

(1)预制 PC 板与地库外墙节点处理

(2)成型效果

(3)预制 PC 墙板

(4)现场安装

图 2-177　地下室外墙后浇带提前封闭技术应用图

◇ 2.57　施工缝预制止水钢板定型组件技术

2.57.1　适用范围

适用于房屋建筑工程等。该技术的具体应用及范例见图 2-178。

2.57.2　特点

采用预制止水钢板定型组件,关键节点处、异形部位提前深化组件加工图及加工清单,在集中场区预制完成并验收合格后应用于现场施工。可以解决复杂环境、异形止水钢板背部及底部焊接不牢固的问题,场区集中加工可以加快施工速度,节省工期,降低成本,有效解决关键部位的防水隐患。

(1)应用范例展示

(2)定型组件加工图

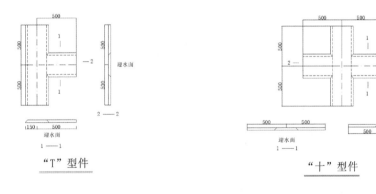

"T"型件

"十"型件

(3)定型组件加工图　　　　　　　(4)定型组件加工图

图2-178　施工缝预制止水钢板定型组件技术应用图

2.58　悬挑脚手架立杆基座可调节定位卡扣技术

2.58.1　适用范围

适用于房屋建筑工程悬挑脚手架工程。该技术的具体应用及操作见图2-179至图2-182。

图 2-179　可调节定位卡扣

图 2-180　卡扣安装

图 2-181　卡扣与立杆节点

图 2-182　整体安装效果

2.58.2　特点

本技术采用可调节定位卡扣,卡扣可提前批量制作,安拆简易,调整灵活,施工速度快。同时可根据现场需求,灵活调节外架位置。外架拆除后,该卡扣可回收周转使用,环保经济。

2.59　起重设备操作人员身份识别系统

2.59.1　适用范围

适用于房屋建筑工程塔吊操作人员使用。该系统应用示意图见图 2-183。

2.59.2　特点

操作人员现场通过对起重设备实行人脸识别、实名制管理,进行有效监管。该系统同时适用于塔机和施工升降机的驾驶员实名制控制。

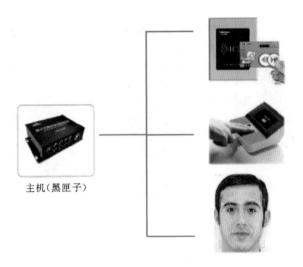

主机(黑匣子)

图 2-183　系统应用示意图

◈ 2.60　卸料钢平台超载预警子系统

2.60.1　适用范围

适用于房屋建筑工程悬挑卸料平台。该系统安装示意图见图 2-184、图 2-185。

2.60.2　特点

该系统可对施工现场卸料平台因堆载不规范导致的超载、超限问题进行实时监控,当出现过载时发出报警,提醒操作人员规范操作,防止危险事故发生,同时远程监控平台记录,查询、分析卸料平台进出料记录,从而针对性地加强安全教育与培训。

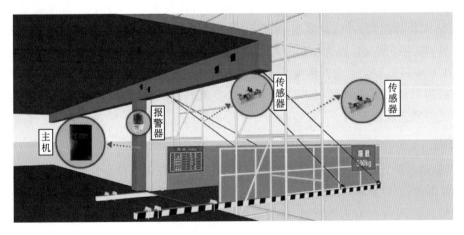

图 2-184　预警系统设备安装位置示意图

图 2-185　预警系统设备现场安装图

💠 2.61　无机复合聚苯不燃保温板的施工技术 —————————

2.61.1　工程情况简介

中牟县黄河滩区迁建三期建设项目,位于中牟县狼城岗镇。工程分为四个地块,包括 7 栋地上 11 层、25 栋地上 16 层的住宅楼及 2 栋综合商业楼。建筑用地面积约 149300 m²,总建筑面积约 360000 m²,地上建筑面积约 270000 m²。主楼外墙外保温材料主要采用85 mm厚无机复合聚苯不燃保温板,5 mm 厚抹面胶浆内压复合耐碱玻璃纤维网格布。

2.61.2　"四新"的原理、特点及适用范围

1. 原理

无机复合聚苯不燃保温板又称改性聚苯板或均质保温板,是一种符合国家建筑节能政策要求的新型 A 级保温材料;以聚苯板(EPS)为基体,是在传统聚苯板的基础上改进而成的新型保温材料,采用硅酸盐水泥为主的胶凝材料,通过基板渗透等处理方法加工制成的不燃保温板材,达到 A 级阻燃效果。它既延续了传统聚苯板导热系数低、保温效果好的优点,又弥补了传统泡沫板阻燃效果差的缺点,克服了市场上同类阻燃材料质量重、价格高的问题,是一种市场需求广泛的理想保温材料。

2. 特点

(1)保温效果好:防火性能达到 A 级的保温材料导热系数绝大部分都在 0.070 W/(m・K),实际应用效果差,而且随着时间的推移易受潮或吸水以后,保温效果明显下降。无机复合聚苯A 级保温板在达到 A 级防火的同时,保温效果良好,而且长期使用不会影响保温隔热效果,完全满足建筑节能的要求。

(2)防火性能优:无机复合聚苯不燃保温板采用不燃的水泥基无机防火材料形成的蜂窝状支撑骨架均匀地包裹在聚苯颗粒周围,使聚苯颗粒之间完全分隔,并增添了保温板的强度,同时杜绝了火灾隐患。其防火性能达到《建筑材料及制品燃烧性能分级》(GB8624—2012)A2 级

防火性能。

（3）防水更佳：无机复合聚苯A级保温板在加工过程中增加了黏结剂，在原有的基础上降低了吸水率，使其具有低吸水率，防潮、防水性能突出，长期使用保温性能不会下降。

（4）黏结性能强：无机复合聚苯A级保温板具有特殊的无机粗糙面，其蜂窝状结构在表面形成网状结构，水泥无机材料的性能和混凝土的性能一致，使其在使用黏结砂浆或抹面砂浆等黏结材料时，能够和混凝土或砌块砖墙体充分融合为一体，黏结性能大大加强。黏结性能比其他传统保温材料的黏结强度大3～5倍。

（5）抗拉、抗压强度高：无机复合聚苯A级保温板的内部形成蜂窝状支撑连接结构，从而增加了保温板的抗拉、抗压强度。

（6）性能稳定，使用寿命长：产品彻底解决了用硫氧镁材料生产的保温板泛碱泛酸泛卤现象、酥化现象和易碎现象。通过水泥生产的水泥基无机复合聚苯A级保温板是在保温行业内一项革命性的创造，其独特合理排布的网状结构的水泥基无机复合聚苯A级保温板使用寿命加长。

3.适用范围

（1）产品达到民用建筑外保温系统防火暂行规定要求。

（2）适用于新建、扩建、改建和既有工业、民用建筑的保温节能工程。

（3）外墙保温装饰板。

（4）防火隔离带。

通过上述综合分析可知，采用费率招标模式项目可应用此材料，系统成熟稳定，施工便捷，施工速度快，节约人力资源，经济性较为显著。该技术的操作及应用见图2-186至图2-190。

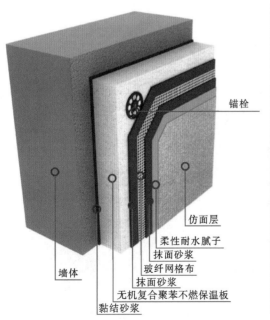

图2-186 施工结构模型

图2-187 原材料

图 2-188   施工过程

图 2-189   施工完成

图 2-190   施工质量检查

2.62 便捷式悬吊尺测量工具

2.62.1 工程情况简介

中牟县黄河滩区迁建三期建设项目共四个地块,总建筑面积约 364000 m²,规划用地面积约 149300 m²,包括 32 栋 11F、16F 住宅楼,2 栋 3F、4F 商业楼。结构工程测量过程中,我们应用了"便捷式悬吊尺"测量工具,进行竖向标高传递、实测实量等测量工作。

2.62.2 工具原理、特点及适用范围

将移动夹板平放置顶层地坪预留洞口处,将百米钢卷尺沿各层预留洞口顺穿置一层地坪距地 50 cm 并锁紧夹板,尺头搭载 100 N 标准配重沙盘,待悬尺静止稳定后即可用于竖向标高测量,此时可逐层架设激光抄平仪进行建筑一米线、实测实量、全高检测等测量工作。该测量工具成品示意图及结构示意图见图 2-191、图 2-192。

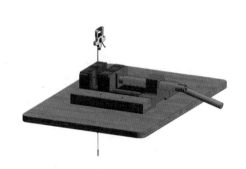

图 2-191　成品示意图

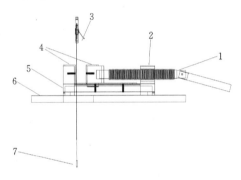

图 2-192　结构示意图
(结构 1—可旋转摇柄;结构 2—摇柄固定梁;结构 3—雄狮百米钢尺;结构 4—碳钢压纹防滑钳口;结构 5—铸铁底座;结构 6—稳定安置盘;结构 7—钢尺标准 100 N 配重沙盘)

1.特点

该测量工具在结构施工完毕后给实测实量、全高检测、建筑一米线检测等测量工作带来了极大的方便,"一吊通测"减少了吊尺的次数,进而降低了测量误差。

2.适用范围

该测量工具适用于建筑结构工程实测实量、竖向标高传递。

2.63 混凝土外墙一次浇筑成型施工技术

2.63.1 工程情况简介

中牟县黄河滩区迁建三期建设项目共四个地块,总建筑面积约 364000 m²,规划用地面积约 149300 m²,包括 32 栋 11F、16F 住宅楼。该项目为剪力墙结构,抗震等级三级,外墙施工均

一次浇筑成型。

2.63.2 "四新"的原理、特点及适用范围

1.原理

混凝土构造外墙与结构柱、剪力墙采用现浇刚性连接,在地震作用下,结构柱、剪力墙的刚性约束导致梁、柱、墙变形不随着地震波一起变形,造成外墙出现裂缝,甚至会影响建筑的安全稳定性。结构拉缝技术就是在混凝土构造外墙与结构柱、剪力墙的竖向、水平向的接缝部位填充柔性材料,使两者进行柔性连接,在满足结构设计刚度要求的同时又可以避免地震作用下结构裂缝问题,实现抗震和一次浇筑成型的目的。全现浇混凝土外墙构造见图 2-193、图 2-194。

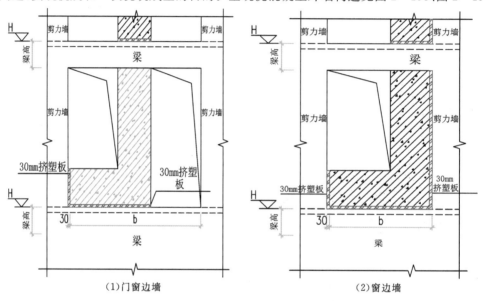

图 2-193 全现浇混凝土外墙构造(a)

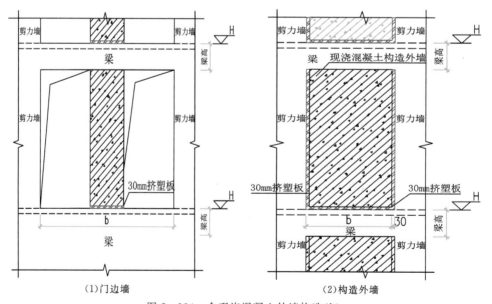

图 2-194 全现浇混凝土外墙构造(b)

施工时先进行结构柱、剪力墙钢筋绑扎,再安装构造外墙钢筋。构造外墙钢筋应锚固到结构梁、墙、柱中,且与结构连接部位应留有一定空隙,保证柔性材料能充满结构拉缝。结构拉缝包括水平拉缝和竖向拉缝(见图2-195),拉缝要求连贯设置,拉缝材料采用30 mm厚挤塑板。构造外墙与本层剪力墙、结构柱混凝土强度等级一致。浇筑混凝土时,混凝土下落禁止朝向拉缝材料。门窗、洞口两侧的混凝土应随着墙体一次浇筑成型。

(1)水平拉缝 (2)竖向拉缝

图2-195 拉缝

2.特点

采用混凝土外墙一次浇筑成型,施工技术综合经济效益显著,安全、质量、进度有保证;土建、装修等各工序衔接更加紧密,节点验收工作更加严格;可以提高效率,缩短工期;取消抹灰,简化施工工艺;减少抹灰工、瓦工、特殊作业等技术工种需求。

3.适用范围

本技术可广泛应用于剪力墙、框架剪力墙结构等高层建筑,从技术、安全、进度、经济方面综合比选,是一种较为合理的施工技术。

2.64 新型双壁波纹管连接"安装神器"的应用总结

2.64.1 工程情况简介

文通路位于中牟绿博文化产业园区中部,规划为南北向城市主干路,设计时速50 km/h。文通路为新建道路工程,本次设计范围北起郑开大道,南至贾鲁河北路,全长5448.556 m,道路红线宽50 m,规划为四幅路横断面形式。本道路采用雨、污分流制。污水管道总长8447 m,采用HDPE双壁波纹排水管,管道埋深3.2~5 m,管道管径为DN500~DN700,其中主管道长8089 m。项目采用新型双壁波纹管辅助安装神器,加快了双壁波纹管安装速度,提高了安装质量。

2.64.2 双壁波纹管连接"安装神器"工作原理及特点

1.双壁波纹管"安装神器"工作原理

新型双壁波纹管辅助安装神器具体构造见图 2-196,主要由与同形状波纹管外壁凹槽半圆卡具与杠杆卡齿元件组合装置来达到密封承压功能,结构紧凑。施工时无需对管端做任何处理,只需要将安装神器套在要连接的两管端,通过前后摆动就使卡齿紧咬管端表面,达到限位固定,使密封橡胶圈贴紧在管道上达到密封牢固连接锁定状态的小型安装设备。

图 2-196 双壁波纹管"安装神器"

2.特点

(1)小巧轻便,收纳方便,随取随用。

(2)操作简单,安装便捷。

(3)造价低廉,实用效果好。

第 3 章

安装工程

◆ 3.1 基于 BIM 的管线综合技术

3.1.1 工艺介绍

机电系统各种管线错综复杂,管路走向密集交错,若在施工中发生碰撞等情况,则会出现拆除返工现象,甚至会导致设计方案的重新修改,这样不仅浪费材料、延误工期,还会增加项目成本。基于 BIM 技术的管线综合技术,将建筑、结构、机电等专业模型整合,可以方便地进行深化设计,再根据建筑专业要求及净高要求将综合模型导入相关软件进行机电专业和建筑、结构专业的碰撞检查,根据碰撞报告结果对管线进行调整。机电专业的碰撞检测,是在"机电管线排布方案"建模基础上对设备和管线进行的综合布置和调整,从而在工程开始施工前发现问题,通过深化设计及设计优化,使问题在施工前得以解决。

3.1.2 工艺流程

设计交底及图纸会审→了解合同技术要求、征询业主意见→确定 BIM 深化设计内容及深度→制定 BIM 出图细则和出图标准、各专业管线优化原则→制定 BIM 详细的深化设计图纸送审及出图计划→机电初步 BIM 深化设计图提交→机电初步 BIM 深化设计图总包审核、协调、修改→图纸送监理、业主审核→机电综合管线平剖面图、机电预留预埋图、设备基础图、吊顶综合平面图绘制→图纸送监理、业主审核→BIM 深化设计交底→现场施工→竣工图制作。

3.1.3 适用范围

适用于工业与民用建筑工程、城市轨道交通工程、电站等所有在建及扩建项目。BIM 技术应用效果见图 3-1。

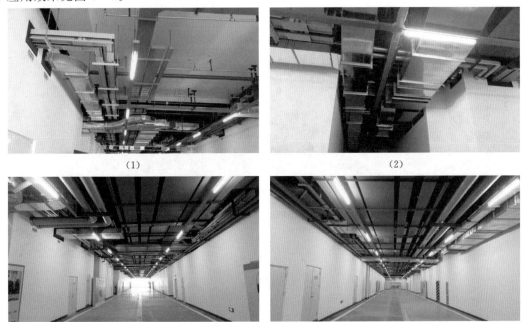

(1)   (2)

(3)   (4)

图 3-1 BIM 技术应用效果

✦ 3.2　导线连接器应用技术 ————————————————

3.2.1　工艺介绍

通过螺纹、弹簧片,以及螺旋钢丝等机械方式,对导线施加稳定可靠的接触力。导线连接器按结构分为螺纹型连接器、无螺纹型连接器(包括通用型和推线式两种结构)和扭接式连接器。导线连接器要确保导线连接所必需的电气连续、机械强度、保护措施,以及检测维护 4 项基本要求。

3.2.2　工艺流程

(1)安全可靠:长期实践证明此工艺的安全性与可靠性较高。

(2)高效:由于不借助特殊工具、可完全徒手操作,使安装过程快捷,平均每个电气连接耗时仅 10 s,为传统焊锡工艺的 1/30,节省人工和安装费用。

(3)该技术可完全代替传统锡焊工艺,不再使用焊锡、焊料、加热设备,消除了虚焊与假焊,导线绝缘层不再受焊接高温影响,避免了高举熔融焊锡操作的危险,接点质量一致性好,没有焊接烟气造成的工作场所环境污染。

主要施工方法:①根据被连接导线的截面积、导线根数、软硬程度,选择正确的导线连接器型号。②根据连接器型号所要求的剥线长度,剥除导线绝缘层。③安装或拆卸无螺纹型或扭接式导线连接器。

3.2.3　适用范围

适用于额定电压交流 1 kV 及以下和直流 1.5 kV 及以下建筑电气细导线(6 mm² 及以下的铜导线)的连接。导线连接器的具体应用见图 3-2 至图 3-6。

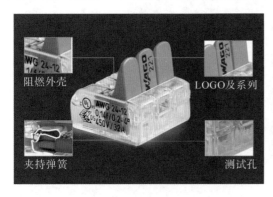

图 3-2　导线连接器细节

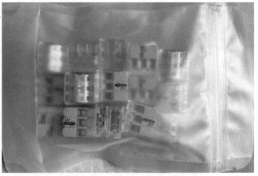

图 3-3　导线连接器检测

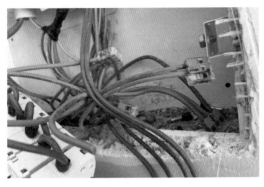

图 3-4　导线连接器应用(强电箱)

图 3-5　导线连接器应用(路灯杆)

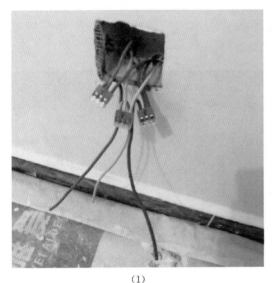

(1)

(2)

图 3-6　导线连接器应用(插座)

✧ 3.3　工业化成品支吊架技术

3.3.1　工艺介绍

工业化成品支吊架由管道连接的管夹构件、建筑结构连接的锚固件,以及将这两种结构件连接起来的承载构件、减震(振)构件、绝热构件,以及辅助安装件构成。该技术满足不同规格的风管、桥架、工艺管道的应用,特别是在错综复杂的管路定位和狭小管井、吊顶施工,更可发挥灵活组合技术的优越性。

3.3.2　工艺要求

(1)吊架和支架安装应保持垂直,整齐牢固,无歪斜现象。支吊架安装要根据管子位置,找平、找正、找标高,生根要牢固,与管子接合要稳固。

(2)吊架要按施工图锚固于主体结构,要求拉杆无弯曲变形,螺纹完整且与螺母配合良好牢固。在混凝土基础上,用膨胀螺栓固定支吊架时,膨胀螺栓的打入必须达到规定的深度,特殊情况需做拉拔试验。

(3)导向支架和滑动支架的滑动面应洁净、平整,滚珠、滚轴、托滚等活动零件与其支撑件应接触良好,以保证管道能自由膨胀。有热位移的管道,在受热膨胀时,应及时对支吊架进行检查与调整。

(4)支架装配时应先整形,再锁紧螺栓。支吊架调整后,各连接件的螺杆丝扣必须带满,锁紧螺母,防止松动。支吊架安装施工完毕后应将支架擦拭干净,所有暴露的槽钢端均需装上封盖。

3.3.3 适用范围

该技术适用于工业与民用建筑工程中多种管线在狭小空间场所布置的支吊架安装,特别适用于建筑工程的走道、地下室及走廊等管线集中的部位、综合管廊建设的管道、电气桥架管线、风管等支吊架的安装。该支架的具体应用见图3-7至图3-13。

图3-7 成品支吊架应用(给排水)

图3-8 成品支吊架应用(桥架)

(1)

(2)

图3-9 成品支吊架应用(消防)

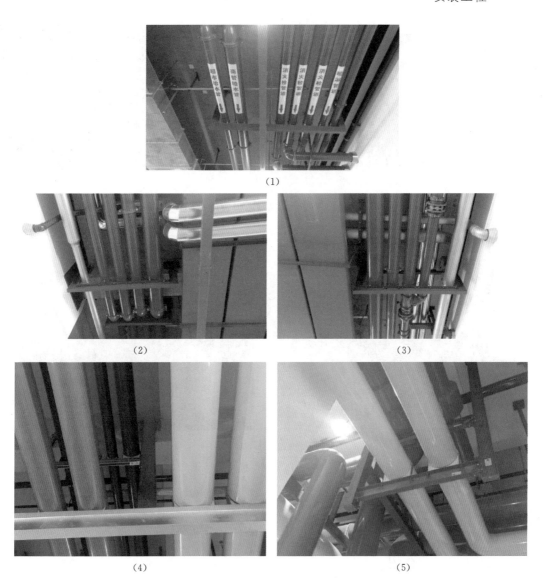

(1)

(2)   (3)

(4)   (5)

图 3 - 10 成品支吊架应用（给水与消防）

图 3 - 11　成品支吊架应用（消防与桥梁）

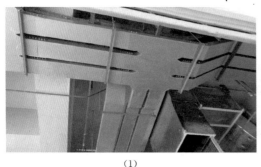

（1）　　　　　　　　　　　　　　　　（2）

图 3-12　成品支吊架应用(桥架综合)

（1）　　　　　　　　　　　　　　　　（2）

图 3-13　风机抗震支吊架

3.4　机电管线及设备工厂化预制技术

3.4.1　工艺介绍

工厂模块化预制技术是将建筑给排水、采暖、电气、智能化、通风与空调工程等领域的建筑机电产品按照模块化、集成化的思想,从设计、生产到安装和调试深度结合集成,通过这种模块化及集成技术对机电产品进行规模化的预加工,实现工厂化流水线制作生产,从而实现建筑机电安装标准化、产品模块化及集成化。利用这种技术,不仅能提高生产效率和质量水平,降低建筑机电工程建造成本,还能减少现场施工工程量,缩短工期,减少污染,实现建筑机电安装全过程绿色施工。

3.4.2　工艺流程

研究图纸→BIM 分解优化→放样、下料、预制→预拼装→防腐→现场分段组对→安装就位。

3.4.3 适用范围

该技术适用于大、中型民用建筑工程、工业工程、石油化工工程的设备、管道、电气安装,尤其适用于高层的办公楼、酒店、住宅。

(1)管道工厂化预制施工(见图3-14)技术:采用软件硬件一体化技术,详图设计采用管道预制设计系统软件,实现管道单线图和管段图的快速绘制;预制管道采用管道预制安装管理系统软件,实现预制全过程、全方位的信息管理。采用机械坡口、自动焊接,并使用厂内物流系统整个预制过程,形成流水线作业,提高工作效率。还可采用移动工作站预制技术,运用自动切割、坡口、滚槽、焊接机械和辅助工装,快速组装形成预制工作站,在施工现场建立作业流水线,进行管道加工和焊接预制。

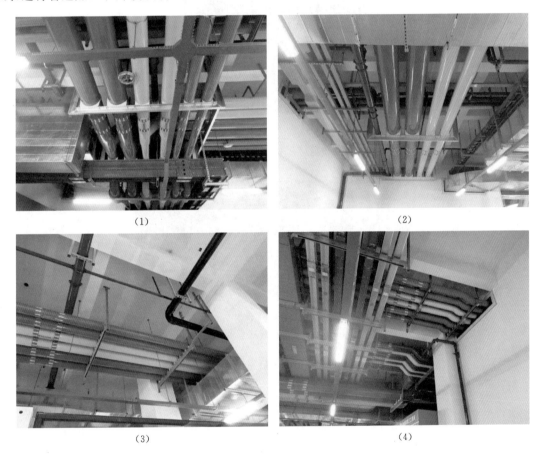

图3-14 管道工厂化预制施工

(2)对于机房机电设施采用标准的模块化设计,使泵组、冷水机组等设备形成自成支撑体系的、便于运输安装的单元模块。采用模块化制作技术和施工方法,改变了传统施工现场放样、加工焊接连接作业的方法。水泵房机组拼装及水泵机组拼装细部见图3-15、图3-16。制冷机房机组拼装见图3-17。

（1）

（2）

（3）

图 3-15　水泵房机组拼装

图 3-16　水泵机组拼装细部

(1)   (2)

(3)   (4)

(5)

图 3-17　制冷机房机组拼装

(3)将大型机电设备拆分成若干单元模块制作,在工厂车间进行预拼装、现场分段组装。该技术的具体拼装应用见图 3-18 至图 3-21。

图 3-18　软化水箱拼装

(1)

(2)

图 3-19 高低压配电柜拼装

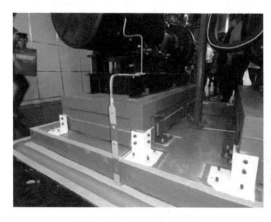

图 3-20 水泵机组拼装

图 3-21 冷水机组拼装

（4）对厨房、卫生间排水管道进行同层模块化设计,形成一套排水、节水装置,以便实现建筑排水系统工厂化加工、批量性生产,以及快速安装;同时有效解决厨房与卫生间排水管道漏水、有异味等问题。卫生间排水管道样板及拼装见图 3-22、图 3-23。

图 3-22 卫生间排水管道样板

图 3-23 卫生间排水管道拼装

3.5 金属矩形风管薄钢板法兰连接技术

3.5.1 工艺介绍

金属矩形风管薄钢板法兰连接技术,代替了传统角钢法兰风管连接技术,已在国外有多年的发展和应用,并形成了相应的规范和标准。采用薄钢板法兰连接技术不仅能节约材料,而且通过新型自动化设备生产可以提高生产效率,使制作精度更高,风管成型更美观,安装更简便。相比传统角钢法兰连接技术可节约 60% 左右的劳动力,节约 65% 左右的钢、螺栓,而且由于不需防腐施工,可以减少对环境的污染,具有较好的经济、社会与环境效益。

3.5.2 工艺流程

金属矩形风管薄钢板法兰连接技术,根据加工形式不同分为两种:一种是法兰与风管壁为一体的形式,称为"共板法兰";另一种是薄钢板法兰用专用组合式法兰机制作成法兰的形式,根据风管长度下料后,插入制作好的风管管壁端部,再用铆(压)接连为一体,称为"组合式法兰"。通过共板法兰风管自动化生产线,将卷材开卷、板材下料、冲孔(倒角)、辊压咬口、辊压法兰、折方等工序,制成半成品薄钢板法兰直风管管段。风管三通、弯头等异形配件通过数控等离子切割设备自动下料。

3.5.3 适用范围

金属矩形风管薄钢板法兰连接技术适用于通风空调系统中工作压力不大于 1500 Pa 的非防排烟系统、风管边长尺寸不大于 1500 mm(加固后为 2000 mm)的薄钢板法兰矩形风管的制作与安装;对于风管边长尺寸大于 2000 mm 的风管,应根据《通风管道技术规程》(JGJ/T 141—2017)采用角钢或其他形式的法兰风管。该技术的安装及操作具体见图 3-24 至图 3-26。

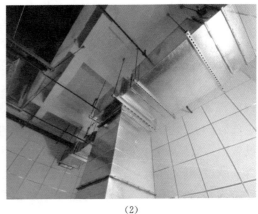

(1)   (2)

图 3-24 共板法兰应用安装

图 3-25 风管材料进场验收

图 3-26 风管材料厂房加工

◇ 3.6 机电消声减振综合施工技术

3.6.1 工艺介绍

噪声及振动的频率低,空气、障碍物,以及建筑结构等对噪声及振动的衰减作用非常有限(一般建筑构建物噪声衰减量仅为 0.02～0.2 dB/m),因此必须在机电系统设计与施工前,通过对机电系统噪声及振动产生的源头、传播方式与传播途径、受影响因素及产生的后果等进行细致分析,制定消声减振措施方案,对其中的关键环节加以适度控制,实现对机电系统噪声和振动的有效防控。具体实施工艺包括:对机电系统进行消声减振设计,选用低噪、低振设备(设施),改变或阻断噪声与振动的传播路径,以及引入主动式消声抗振工艺等。

3.6.2 工艺流程

(1)优化机电系统设计方案,对机电系统进行消声减振设计。设计机电系统时,在结构及建筑分区的基础上充分考虑满足建筑功能的合理机电系统分区,根据系统消声、减振需要,确定设备(设施)技术参数及控制流体流速,同时避免其他机电设施穿越。

(2)在机电系统设备(设施)选型时,优先选用低噪、低振的机电设备(设施),如箱式设备、变频设备、缓闭式设备、静音设备,以及高效率、低转速设备等。

(3)机电系统安装施工过程中,通过隔声、吸声、消声、隔振、阻尼等处理方法,在机电系统中设置消声减振设备(设施),改变或阻断噪声与振动的传播路径。如设备采用浮筑基础、减振浮台及减震器等的隔声隔振构造,管道与结构、管道与设备、管道与支吊架及支吊架与结构(包括钢结构)之间采用消声减振的隔离隔断措施,如套管、避振器、隔离衬垫、柔性软接、避振喉等。

3.6.3 适用范围

适用于大、中型公共建筑工程机电系统消声减振施工,特别适用于广播电视、音乐厅、大剧院、会议中心、高端酒店等安装工程。该减振措施的具体应用见图 3-27 至图 3-31。

图 3 - 27　排烟风机减振措施

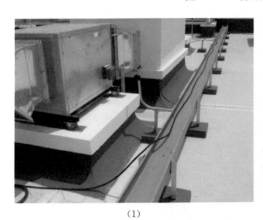

（1）

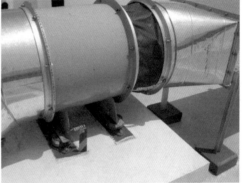

（2）

（3）

图 3 - 28　屋面风机减振措施

图 3 - 29　水泵房水泵减振措施

图 3 - 30　制冷机房水泵减振措施

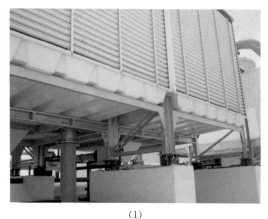

(1)   (2)

图 3-31　冷却塔减振措施

✦ 3.7　临时照明永临结合

3.7.1　工艺介绍

建筑工程中临电布置普遍不规范,线路长期暴露在外,存在极大的安全隐患,后期临电线路设备的拆除和重复安装也会造成人工和材料的浪费。针对以上问题,将临电系统改进为随主体进度一起预埋线管,并引出主线缆与二级箱及变压器连接,照明线路在主体阶段预留预埋,永临结合一次安装。

3.7.2　工艺流程

图纸深化→照明线管预埋→照明箱安装→穿线→安装灯具→切换电源→调试使用。

3.7.3　适用范围

适用于现浇混凝土结构主体及装饰阶段临电照明系统施工。地下室照明永临结合应用见图 3-32。

（1）　　　　　　　　　　　（2）

（3）　　　　　　　　　　　（4）

图 3-32　地下室照明永临结合应用

❖ 3.8　消防水管永临结合

3.8.1　工艺介绍

该工艺利用正式消防作为临时消防及临时用水使用的技术,主要原理是主体结构阶段将正式消防管道提前施工,以满足主体及装饰装修阶段的临时消防、临时用水,不仅可以减少施工过程中临时消防的成本投入,而且可以节省临时消防拆除产生的费用及损耗等,在高层和超高层建筑中效果更为明显。

3.8.2　工艺流程

管道定位、放线→支架、吊架制作安装→干管安装→支管安装→管道冲洗→消火栓安装。

注意事项:①消防水管永临结合需提前策划,与建设单位、监理单位提前沟通,并按设计要求施工。②注意对消防管道的成品保护。

3.8.3　适用范围

适用于新建、扩建、改建的建筑工程中室内临时消火栓系统管道及设备安装工程。消防水管永临结合应用见图 3-33。

(1)   (2)

图 3-33 消防水管永临结合应用

❖ 3.9 薄壁金属管套接紧定式连接技术

3.9.1 工艺介绍

套接紧定式薄壁钢导管主要是电气安装新型专用导管。该导管系列根据中华人民共和国国家标准《电气安装用导管特殊要求》(GB/T 14823.1—1993),并针对《电气装置安装工程1 kV及以下配线工程施工及验收规范》(GB 50258—96),镀锌钢管和薄壁钢管的跨接地线不应采用熔焊连接以及金属导管施工复杂、施工成本和材料成本高等缺点进行设计制造的。这一技术属国家专利,以其技术先进、结构合理、施工方便等特点被专家誉为建筑电气线路敷设的一项重大革新。

3.9.2 工艺流程

材料进场检验→测线定位→管路预制加工→测定盒箱位置→稳装箱盒→管路连接→管路包封固定。

3.9.3 适用范围

可用于新建和改造工程中的照明、动力、弱电等系统的管路敷设,可进行明敷设、暗敷设,可敷设于墙体内,也可敷设于吊顶内;不适用于腐蚀性场所和爆炸危险环境。该技术的操作及应用见图 3-34 至图 3-42。

图 3-34　金属管安装索姆

图 3-35　拧紧螺丝

图 3-36　接头处包封

图 3-37　金属管固定绑扎

图 3-38　接线盒金属管切割

图 3-39　管内毛刺清理

图 3-40　接线盒索姆安装　　　　　图 3-41　线盒四周金属管绑扎固定

（1）　　　　　　　　　　　　　　　　（2）

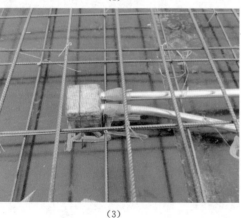

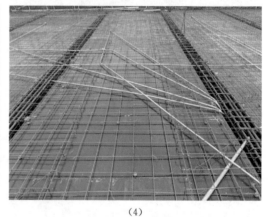

（3）　　　　　　　　　　　　　　　　（4）

图 3-42　紧定式金属管应用

◈ 3.10　人防工程密闭接线盒施工

3.10.1　工艺介绍

人防密闭接线盒是人防地下室电气系统的重要防护配件。根据电气人防图集 07FD02 中的要求，人防密闭接线盒成品至少由 3 mm 的钢板制作，盒体本身要满焊，不能漏气，不能漏光,材料采用热镀锌钢板。人防密闭接线盒主要用于穿越清洁区与染毒区进行电气暗管敷设,其作用是防止染毒区毒剂通过电气暗管侵入清洁区,危害内部人员安全。

3.10.2　工艺流程

材料进场检验→测线定位→管路预制加工→测定盒箱位置→稳装箱盒→管路连接→管路包封固定。

3.10.3　适用范围

适用于新建和改造人防工程内两个相邻的防护单元,或同一个防护单元中的主体和口部,或口部房间中的抗力安全区和非安全区,或是人防工程的内、外等部位。密闭接线盒的安装及效果见图3-43、图3-44。

(1)　　　　　　　　　　　　　　　(2)

图3-43　密闭接线盒安装

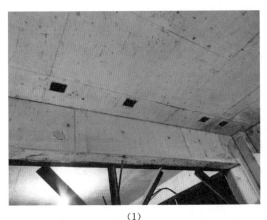

(1)　　　　　　　　　　　　　　　(2)

图3-44　密闭接线盒安装效果

❖ 3.11　穿墙或板钢制套管预埋

3.11.1　工艺介绍

在民用建筑给排水工程施工中,套管的预埋需与结构施工同步进行,其制作工艺、安装过程看似简单,实则要求较高。只有经过认真、细致的制作及准确的定位,才能预埋出符合要求的套管,并为后期管道施工带来便利。在土建浇筑混凝土前,应根据施工图纸将预埋件的数量、尺寸、位置核对准确,尤其应注意穿梁、穿地下室外墙及生活水池等防水要求高的部位的预埋件。每一个套管安装前都要结合土建方确定套管标高、平面位置,做到精确定位。

3.11.2　工艺流程

材料准备→绘制预留图→确定现场预留位置→套管预埋封堵→结构洞室预留→浇筑前再次核对检查。

3.11.3　适用范围

适用于新建和改造工程内电力管道、给排水和供暖系统、消防水系统等套管预留预埋工程。钢套管的相关安装及效果见图3-45至图3-49。

图3-45　钢套管样品检查

图3-46　钢套管大批量进场

图3-47　穿墙钢套管安装

图3-48　钢套管穿楼板安装效果

（1）

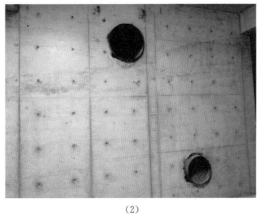
（2）

图 3-49 钢套管穿墙安装效果

3.12 基础筏板内排水管预埋

3.12.1 工艺介绍

高层建筑大都设有地下室,集水坑是地下室中不可缺少的一项构造,比如消防电梯专用排水集水坑、设备用房排水集水坑、地下室卫生设备排水集水坑、地面冲洗用集水坑、汽车库坡道雨水集水坑等,地下室的排水大部分靠设置"集水坑＋潜水泵"来解决。

3.12.2 工艺流程

材料准备→绘制预埋图→确定现场预埋位置→预埋管预埋安装→预埋管固定→浇筑前再次核对检查。

3.12.3 适用范围

适用于新建和改扩建工程中给排水系统的基础筏板内管道和地漏的预留预埋。筏板内排水管的安装及应用见图 3-50 至图 3-53。

图 3-50 筏板内压力排水管预埋

图 3-51 筏板内压力排水管定位

图 3-52　筏板内防爆地漏安装

图 3-53　防爆地漏标高检测

✦ 3.13　给排水工程新型预留洞技术

3.13.1　工艺介绍

本器具属于一种工具式预留洞模具,主要由通丝螺杆钉和螺母所组成,包括一个上大下小的锥形筒,锥形筒的上端直径线上设有一横梁,横梁中部设有供通丝螺杆穿过的螺孔,通丝螺杆下端设固定板,通丝螺杆上端穿过横梁中部的螺孔与螺母连接。本器具是上大下小的锥形筒设计,且锥体外部包有橡胶圈,极易脱模,省时省力,易于施工操作,封堵质量好,效率高。

3.13.2　工艺流程

根据图纸定位→预埋件套上橡胶圈→安装预埋件→混凝土浇筑→锤击松动→拧掉固定螺丝→取出铁桶→取出橡胶圈。

3.13.3　适用范围

适用于新建和改扩建工程中给排水系统的穿结构板预留洞的预留预埋。预留洞的安装及效果见图 3-54 至图 3-61。

图 3-54　单个预留洞预留

图 3-55　成排预留洞预留

图 3-56　模具锤击松动

图 3-57　拧掉固定螺丝

图 3-58　提出模具套筒

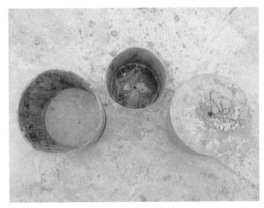

图 3-59　拿出脱模橡胶圈

图 3-60　套筒与橡胶圈再组合备用

图 3-61　预留洞预留成型效果

第4章

绿色施工

◈ 4.1 施工现场水收集综合利用技术 ─────────

4.1.1 工艺介绍

施工过程中应高度重视施工现场非传统水源的水收集与综合利用,该项技术包括基坑施工降水回收利用技术、雨水回收利用技术、现场生产和生活废水回收利用技术。

(1)基坑施工降水回收利用技术一般包含两种技术:一是利用自渗效果将上层滞水引渗至下层潜水层中,可使部分水资源重新回灌至地下的回收利用技术;二是将降水所抽水体集中存放,施工时再利用。

(2)雨水回收利用技术是指在施工现场将雨水收集后,经过雨水渗蓄、沉淀等处理,集中存放再利用。回收水可直接用于冲刷厕所、施工现场洗车及现场洒水控制扬尘。

(3)现场生产和生活废水利用技术是指将施工生产和生活废水经过过滤、沉淀或净化等处理达标后再利用。

经过处理或水质达到要求的水体可用于绿化、结构养护用水,以及混凝土试块养护用水等。

4.1.2 适用范围

基坑封闭降水技术适用于地下水面埋藏较浅的地区;雨水及废水利用技术适用于各类施工工程,见图4-1、图4-2。

图4-1 雨水收集沉淀池

图4-2 沉淀池与排水沟连接

◈ 4.2 建筑垃圾减量化与资源化利用技术 ─────────

4.2.1 工艺介绍

建筑垃圾减量化主要是指在施工过程中采用绿色施工新技术、精细化施工和标准化施工等措施,以减少建筑垃圾排放;建筑垃圾资源化利用主要指建筑垃圾就近处置、回收直接利用或加工处理后再利用。

4.2.2 主要技术

(1)对钢筋采用优化下料技术,提高钢筋利用率;对钢筋余料采用再利用技术,如将钢筋余料用于加工马凳筋、预埋件与安全围栏等。

(2)对模板的使用应进行优化拼接,减少裁剪量;对木模板应通过合理的设计和加工制作提高重复使用率的技术;对短木方采用指接接长技术,提高木方利用率。

(3)对混凝土浇筑施工中的混凝土余料做好回收利用,可将其制作小过梁、混凝土砖等。

(4)在对二次结构的加气混凝土砌块隔墙施工中,做好加气块的排块设计,在加工车间进行机械切割,减少工地加气混凝土砌块的废料。

(5)废塑料、废木材、废钢筋头与废混凝土的机械分拣技术;利用废旧砖瓦、废旧混凝土为原料的再生骨料就地加工与分级技术。

(6)现场直接利用再生骨料和微细粉料作为骨料和填充料,生产混凝土砌块、混凝土砖、透水砖等制品的技术。

(7)利用再生细骨料制备砂浆及其使用的综合技术。

4.2.3 适用范围

适用于建筑物和基础设施拆迁、新建和改扩建工程。废旧钢筋的再利用见图4-3至图4-5。

图4-3 废旧钢筋用作钢筋定位筋

图4-4 废旧钢筋用作线盒固定筋

(1)

(2)

图4-5 废旧钢筋制作钢筋定位筋

◈ 4.3 施工现场太阳能、空气能利用技术

4.3.1 施工现场太阳能光伏发电照明技术

1.工艺介绍

施工现场太阳能光伏发电照明技术是利用太阳能电池组件将太阳光能直接转化为电能储存并用于施工现场照明系统的技术。发电系统主要由光伏组件、控制器、蓄电池(组)和逆变器(当照明负载为直流电时,不使用)及照明负载等组成。

2.技术指标

施工现场太阳能光伏发电照明技术中的照明灯具负载应为直流负载,灯具选用以工作电压为 12 V 的 LED 灯为主。生活区安装太阳能发电电池,可以保证道路照明使用率达到 90% 以上。

3.适用范围

该技术适用于施工现场临时照明,如路灯、加工棚照明、办公区廊灯、食堂照明、卫生间照明等,太阳能路灯见图 4-6。

(1)   (2)

图 4-6 太阳能路灯

4.3.2 空气能热水技术

1.工艺介绍

空气能热水技术是运用热泵工作原理,吸收空气中的低能热量,经过中间介质的热交换,压缩成高温气体,并通过管道循环系统对水加热的技术。空气能热水器是采用制冷原理从空气中吸收热量来加热水的"热量搬运"装置,把一种沸点为零下 10℃ 的制冷剂通到交换机中,制冷剂通过蒸发由液态变成气态,从空气中吸收热量,再经过压缩机加压做功,制冷剂的温度就能骤升至 80℃~120℃。空气能热水技术具有高效节能的特点,常规电热水器的热效率高达 380%~600%,制造相同的热水量,该技术比电辅助太阳能热水器利用能效高,耗电只有电热水器的 1/4。

2.技术指标

(1)空气能热水器利用空气能,不需要阳光,因此放在室内或室外均可,温度在零摄氏度以上,就可以 24 h 全天候承压运行。

(2)工程现场使用空气能热水器时,空气能热泵机组应尽可能布置在室外,进风和排风应通畅,避免造成气流短路。机组间的距离应保持在 2 m 以上,机组与主体建筑或临建墙体(封闭遮挡类墙面或构件)间的距离应保持在 3 m 以上;另外,为避免排风短路,在机组上部不应设置挡雨棚之类的遮挡物;如果机组必须布置在室内,应采取提高风机静压的办法,接风管将风排至室外。

(3)宜选用合理先进的控制系统,控制主机启停、水箱补水、用户用水,以及其他辅助热源切入与退出;系统用水箱和管道需做好保温防冻措施。

3.适用范围

适用于施工现场办公、生活区临时热水供应。图 4-7 为环保空气能的应用。

(1)　　　　　　　　　　　　　　　(2)

图 4-7　环保空气能的应用

4.4　施工扬尘控制技术

4.4.1　工艺介绍

施工扬尘控制技术包括施工现场道路、塔吊、脚手架等部位自动喷淋降尘和雾炮降尘技术、施工现场车辆自动冲洗技术。

(1)自动喷淋降尘系统由蓄水系统、自动控制系统、语音报警系统、变频水泵、主管、三通阀、支管、微雾喷头连接而成,主要安装在临时施工道路、脚手架上。塔吊自动喷淋降尘系统是指在塔吊安装完成后通过塔吊旋转臂安装的喷水设施,用于塔臂覆盖范围内的降尘、混凝土养护等。喷淋系统由加压泵、塔吊、喷淋主管、万向旋转接头、喷淋头、卡扣、扬尘监测设备、视频监控设备等组成。该技术的应用具体见图 4-8 至图 4-13。

图 4-8　变频水泵

图 4-9　水箱和水泵房

图 4-10　微雾喷头

图 4-11　自动喷淋降尘系统

图 4-12　喷淋下设排水沟

图 4-13　塔吊喷淋系统

　　(2)雾炮降尘(见图 4-14)系统主要有电机、高压风机、水平旋转装置、仰角控制装置、导流筒、雾化喷嘴、高压泵、储水箱等装置,其特点为风力强劲,射程高(远),穿透性好,可以实现精量喷雾,雾粒细小,能快速将尘埃抑制降沉,工作效率高,速度快,覆盖面积大。

| (1) | (2) |

图 4-14　雾炮降尘

（3）施工现场车辆自动冲洗系统（车辆自动冲洗机见图 4-15）由供水系统、循环用水处理系统循环水处理沉淀池（见图 4-16）、冲洗系统、承重系统、自动控制系统组成。采用了红外、位置传感器启动自动清洗及运行指示的智能化控制技术。水池采用四级沉淀、分离,处理水质,确保水循环使用;清洗系统由冲洗槽、两侧挡板、高压喷嘴装置（见图 4-17）、控制装置和沉淀循环水池组成;喷嘴沿多个方向布置,无死角。

| (1) | (2) |

图 4-15　车辆自动冲洗机

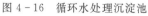

图 4-16　循环水处理沉淀池　　　　　　图 4-17　高压喷嘴装置

4.4.2 适用范围

该技术适用于所有工业与民用建筑的施工工地。

✥ 4.5 绿色施工在线监测评价技术

4.5.1 工艺介绍

绿色施工在线监测及量化评价技术是根据绿色施工评价标准,通过在施工现场安装智能仪表并借助GPRS通讯和计算机软件技术,随时随地以数字化的方式对施工现场能耗、水耗、施工噪声、施工扬尘、大型施工设备安全运行情况等各项绿色施工指标数据进行实时监测、记录、统计、分析、评价和预警的监测系统和评价体系。

4.5.2 技术指标

(1)绿色施工在线监测及评价内容包括数据记录、分析及量化评价和预警。

(2)应符合《建筑施工场景环境噪声排放标准》(GB 12523—2011)、《污水综合排放标准》(GB 8978—1996)、《生活饮用水卫生标准》(GB 5749—2022);建筑垃圾产生量应不高于350吨/万平方米。施工现场扬尘监测主要为PM2.5、PM10的控制监测,PM10不超过所在区域的120%。

(3)受风力影响较大的施工工序场地、机械设备(如塔吊)处风向、风速监测仪安装率宜达到100%。

(4)现场施工照明、办公区需安装高效节能灯具(如LED)、声光智能开关,安装覆盖率宜达到100%。

(5)对于危险性较大的施工工序,远程监控安装率宜达到100%。

(6)材料进场时间、用量、验收情况实时录入监测系统,保证远程实时接收监测结果。

4.5.3 适用范围

该技术适用于规模较大及科技、质量示范类项目的施工现场,具体见图4-18至图4-27。

图4-18 智能环境监测系统

图4-19 施工现场智慧大屏

121

图 4-20　塔吊风速监测器

图 4-21　塔吊智能监测屏

图 4-22　现场 LED 临时照明灯

图 4-23　办公室 LED 照明灯

图 4-24　塔吊 LED 照明灯

图 4-25　现场远程监控

图4-26 砂浆灌定型化防护棚　　　　　图4-27 钢筋集中加工厂

4.6 工具式定型化临时设施技术

4.6.1 工艺介绍

工具式定型化临时设施包括标准化箱式房、定型化临边洞口防护、加工棚,构件化PVC绿色围墙、预制装配式马道、可重复使用临时道路板等。

(1)标准化箱式施工现场用房包括功能房(见图4-28)、办公室(见图4-29)、会议室、接待室、资料室、活动室、阅读室、卫生间。可移动箱式实名制通道见图4-30。标准化箱式附属用房包括食堂、门卫房(见图4-31)、设备房、试验用房。标准化箱式施工现场用房及附属用房按照标准尺寸和符合要求的材质制作和使用。

图4-28 标准化箱式功能房　　　　　图4-29 标准化箱式办公室

图 4-30　可移动箱式实名制通道

图 4-31　可移动箱式门卫房

（2）定型化临边洞口防护、加工棚。定型化、可周转的基坑、楼层临边防护、水平洞口防护，可选用网片式、格栅式或组装式。定型化防护技术的具体应用见图 4-32 至图 4-35。

当水平洞口短边尺寸大于 1500 mm 时，洞口四周应搭设不低于 1200 mm 的防护，下口设置踢脚线并张挂水平安全网，防护方式可选用网片式、格栅式或组装式，防护距离洞口边不小于 200 mm。楼梯扶手栏杆采用工具式短钢管接头，立杆采用膨胀螺栓与结构固定，内插钢管栏杆，使用结束后可拆卸周转重复使用。

图 4-32　定型化临边防护

图 4-33　定型化洞口防护

图 4-34　可拼装水电加工区

图 4-35　定型化材料堆放架

(3)构件化 PVC 绿色围墙(见图 4-36)。基础采用现浇混凝土,支架采用轻型薄壁钢型材,墙体采用工厂化生产的 PVC 扣板,现场采用装配式施工方法。

(1)   (2)

图 4-36 PVC 绿色围墙

(4)装配式临时道路(见图 4-37)。装配式临时道路可采用预制混凝土道路板、装配式钢板、新型材料等,具有施工操作简单,占用场地少,便于拆装、移位,可重复利用,能降低施工成本,减少能源消耗和废弃物排放等优点。应根据临时道路的承载力和使用面积等因素确定尺寸。施工现场透水砖应用见图 4-38。

(1)   (2)

图 4-37 装配式临时道路

(1)   (2)

图 4-38 施工现场透水砖应用

4.6.2　技术指标

工具式定型化临时设施应工具化、定型化、标准化,具有装拆方便、可重复利用和安全可靠的性能;防护栏杆体系、防护棚经检测防护有效,符合设计安全要求。预制混凝土道路板适用于建设工程临时道路地基的弹性模量大于等于 40 MPa,承受载重小于等于 40 t,施工运输车辆或单个轮压小于等于 7 t 的施工运输车辆路基上铺设使用;其他材质的装配式临时道路的承载力应符合设计要求。

4.6.3　适用范围

该技术适用于工业与民用建筑、市政工程等。

✦ 4.7　垃圾管道垂直运输技术

4.7.1　工艺介绍

垃圾管道垂直运输技术是指在建筑物内部或外墙外部设置封闭的大直径管道,将楼层内的建筑垃圾沿着管道靠重力自由下落,通过减速门对垃圾进行减速,最后落入专用垃圾箱内进行处理。垃圾运输管道主要由楼层垃圾入口、主管道、减速门、垃圾出口、专用垃圾箱、管道与结构连接件等主要构件组成,可以将该管道直接固定到施工建筑的梁、柱、墙体等主要构件上。该管道安装灵活,可多次周转使用。

4.7.2　技术指标

垃圾管道垂直运输技术符合《建筑工程绿色施工规范》(GB/T 50905—2014)、《建筑工程绿色施工评价标准》(GB/T 50604—2010)和《建筑施工现场环境与卫生标准》(JGJ 146—2004)的标准要求。

4.7.3　适用范围

该技术适用于多层、高层、超高层民用建筑的建筑垃圾竖向运输,高层、超高层使用时每隔50～60 m 设置一套独立的垃圾运输管道,并设置专用垃圾箱。该技术的应用见图 4-39。

(1)　　　　　　　　　　　　　　　(2)

图 4-39　垃圾管道垂直运输

第5章

BIM技术应用

5.1 "BIM＋数控设备"实现钢筋自动化加工

采用"BIM＋数控设备"的方式,实现钢筋的自动化加工技术。工人直接一键启动数控加工设备,即可实现钢筋的全自动化加工,具体见图 5-1 至图 5-4。选用 BIM 钢筋建模软件 Tekla 软件进行钢筋模型绘制,利用软件在三维模型的基础上直接输出钢筋工程量明细表,自动导出钢筋图形、编号、数量等信息,工人无须在数控设备控制器上选定图形编号和加工钢筋数量,直接一键启动数控加工设备,即可实现钢筋的全自动化加工。

通过钢筋自动化加工,可以达到管理省心、机械化省人、半成品合格率提升、边角料优化利用、安全性更高、信息传递及时 6 方面优势。

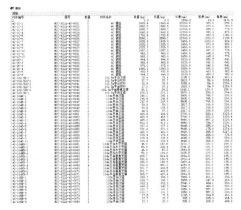

图 5-1 自动生成钢筋数量明细表

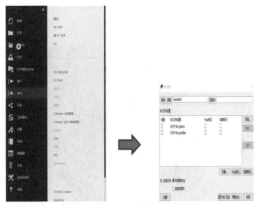

图 5-2 输出 *.nc 数控文件

图 5-3 工人扫码获取加工任务详细信息

图 5-4 40 米 T 梁用半成品下料单

5.2 "BIM＋智慧梁场"建造管理

工程项目可通过实行"BIM＋智慧梁场"实现生产过程可视化、施工流程标准化、业务管理数字化、机械设备智能化和管理决策智慧化。

传统构件管理一般是通过人工的方式去记录监测,存在信息孤岛、交互不及时等问题。图5-5所示项目搭建了装配式桥梁大数据应用平台,梁厂预制构件生产通过BIM数据系统进行互通互联,将原材料供应、构件生产、运输、安装等多维度信息形成大数据,进行全程信息化管理、跟踪,最大化减少人工信息统计行为,实现装配式预制T型梁的工厂集成建造技术(见图5-6)。

项目基于BIM平台同时搭建了北斗人员定位系统、视频监控系统,以及门禁管理系统,真正实现了"BIM＋智慧梁场"集中智能化管理。

图5-5 T梁实时状态查看

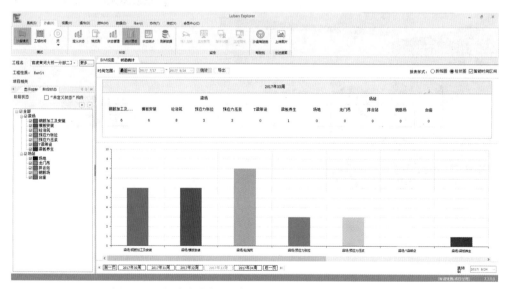

图5-6 自动统计存梁状态,对比T梁进、出的数量比率

5.3 "BIM＋无人机技术"便道规划选线

"BIM＋无人机技术"在复杂山区,特别是在高填、深挖等困难地段的便道规划设计,利用 "BIM＋无人机倾斜摄影"(见图 5-7)技术勘察获取项目全线及周边的三维实景地形模型,为施工便道 BIM 设计提供真实、准确的三维地形数据,通过 BIM 技术快速完成施工便道精细化设计,进行横纵断面优化设计出图、工程量统计等工作,满足施工生产需要,解决复杂山区便道规划困难、测量工作难度大等问题,具体见图 5-8 至图 5-13。

图 5-7 "BIM＋无人机摄影"

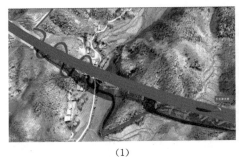

(1)

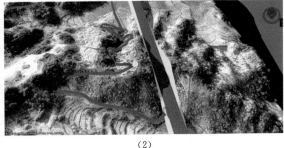

(2)

图 5-8 三维实景模型中便道规划选线

图 5-9 便道纵断面优化设计

建筑工程"四新"施工技术

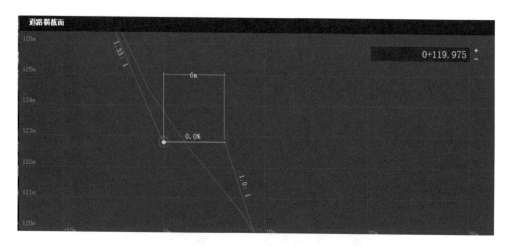

图 5-10　便道横断面优化设计

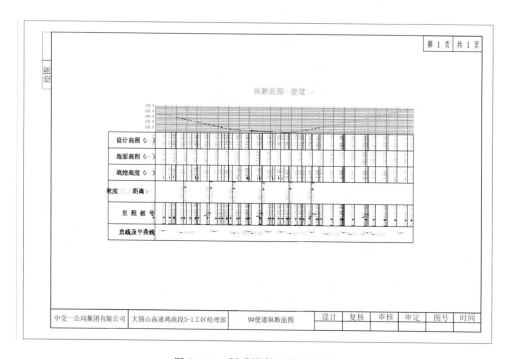

图 5-11　便道纵断面设计出图

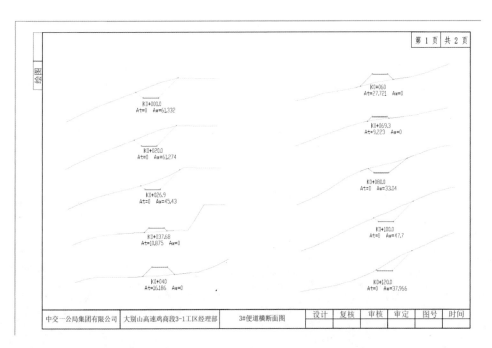

中交一公局集团有限公司 | 大别山高速鸡商段3-1工区经理部 | 3#便道横断面图 | 设计 | 复核 | 审核 | 审定 | 图号 | 时间

图 5-12　便道横断面设计出图

9#便道土石方数量计算表

大别山高速鸡商段3-1分部

桩号	横断面面积 (m²) 挖方	填方	距离 (m)	挖方分类及数量 (m³) 总数量	土 I %	数量	II %	数量	III %	数量	石 IV %	数量	V %	数量	VI %	数量	填方数量 (m³) 总数量	土	石	利用方数量及调配 (m³) 本桩利用 土	石	填缺 土	石	挖余 土	石	远运利用及纵向调配示意
1	2	3	5	6	7	8	9	10	11	12	13	14	15	16	17	18	19	20	21	22	23	24	25	26	27	28
K0+000.0	8.46	0.00	20	169.67	10	16.97	10	16.97	10	16.97	20	33.93	20	33.93	30	50.90	0.08	0.02	0.06							
K0+020.0	8.51	0.01	20	273.70	10	27.37	10	27.37	10	27.37	20	54.74	20	54.74	30	82.11	0.08	0.02	0.06							
K0+040.0	18.86	0.00	20	654.31	10	65.43	10	65.43	10	65.43	20	130.86	20	130.86	30	196.29	53.86	16.16	37.70							
K0+060.0	46.57	5.39	20	473.32	10	47.33	10	47.33	10	47.33	20	94.66	20	94.66	30	142.00	55.48	16.64	38.83							
K0+070.3	45.34	5.39	10	616.73	10	61.67	10	61.67	10	61.67	20	123.35	20	123.35	30	185.02	26.12	7.84	18.29							
K0+080.0	81.83	0.00	20	1608.74	10	160.87	10	160.87	10	160.87	20	321.75	20	321.75	30	482.62	0.00	0.00	0.00							
K0+100.0	79.05	0.00	20	1656.69	10	165.67	10	165.67	10	165.67	20	331.34	20	331.34	30	497.01	0.00	0.00	0.00							
K0+130.0	86.62	0.00	15	1004.02	10	100.40	10	100.40	10	100.40	20	200.80	20	200.80	30	301.21	19.51	5.85	13.66							
K0+135.2	45.23	2.56	5	218.37	10	21.84	10	21.84	10	21.84	20	43.67	20	43.67	30	65.51	12.71	3.81	8.90							
K0+140.0	46.33	2.77	20	627.69	10	62.77	10	62.77	10	62.77	20	125.54	20	125.54	30	188.31	270.30	81.09	189.21							
K0+160.0	16.44	24.26	8	120.59	10	12.06	10	12.06	10	12.06	20	24.12	20	24.12	30	36.18	200.05	60.01	140.03							
K0+167.6	15.34	28.45	12	95.18	10	9.52	10	9.52	10	9.52	20	19.04	20	19.04	30	28.56	664.52	199.36	465.16							
K0+180.0	0.00	78.64	12	0.00	10	0.00	10	0.00	10	0.00	20	0.00	20	0.00	30	0.00	1587.01	476.10	1110.91							
K0+200.0	0.00	80.06	20	0.00	10	0.00	10	0.00	10	0.00	20	0.00	20	0.00	30	0.00	920.59	276.18	644.41							
K0+220.0	0.00	12.00	20	206.03	10	20.60	10	20.60	10	20.60	20	41.21	20	41.21	30	61.81	120.02	36.01	84.01							
K0+240.0	20.60	0.00	20	206.03	10	20.60	10	20.60	10	20.60	20	41.21	20	41.21	30	61.81	0.00	0.00	0.00							
小计				7931		793		793		793		1586		1586		2379	3930	1179	2751							
累计				7931		793		793		793		1586		1586		2379	3930	1179	2751							

编制：　　　　　　　　　　　　　　　　　　　　　复核：

图 5-13　便道土石方工程量计算表

⬥ 5.4 BIM 技术的危大工程管理

　　基于 BIM 技术的危大工程管理子系统(见图 5-14)集实时、不间断、全过程数据接收,对比分析和实时告警于一体,兼容多种传感设备,使现场危大工程施工的安全情况实现可视化,也为后续安全风险分析和评估决策提供参考。与传统人工监测相比,危大工程子系统在稳定性、连续性、智能性、经济性、效率性、安全性,以及延续性等方面均有显著优势。

　　系统可应用于深基坑、高支模、脚手架、边坡,以及桥梁施工等危大工程危险源监测。

(1)

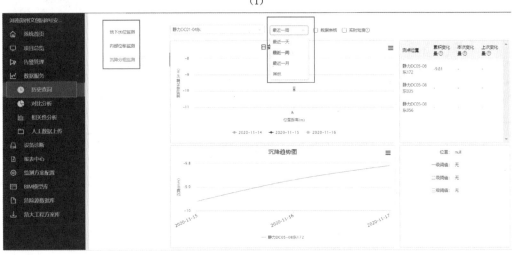

(2)

图 5-14　危大工程管理子系统

◈ 5.5 "BIM＋VR"技术辅助场布临建规划设计 ──────

通过建立项目整体三维 BIM 模型,录入结构物、构件、项目管理及施工信息,导入 Fuzor 软件中,结合 Steam VR 软件,实现头戴式 VR 虚拟体验,在沉浸式漫游过程中,可足不出户真实感受到项目规划、布局、施工工艺、流程、管理信息等,达到管理一体化、信息化。

利用"BIM＋VR"技术的沉浸式虚拟体验,可以实现项目的三场、一部、四区的"BIM＋VR"模型创建;利用 BIM 建立的模型结合 VR 设备实现动态漫游,实现比 BIM 模型交底更真实的体验,施工人员可以更为直观地感受施工场景,理解施工方案与工艺,提升施工质量。结合 VR 技术对桥梁整体及项目场站群进行三维漫游,对项目前期策划中的三场、一部、四区建立模拟,依据数据库信息,方便指导项目开工后项目建设。图 5-15 为场站 VR 模型,图 5-16 为钢筋场 VR 虚拟漫游,图 5-17 为工人进行场区 VR 体验。

图 5-15 场站 VR 模型　　　　　　　　图 5-16 钢筋场 VR 虚拟漫游

图 5-17 工人进行场区 VR 体验

◈ 5.6 "BIM＋三维激光扫描"技术进行桥梁线形和拼装精度检测 ——

节段梁拼装过程中的精度控制和线形控制是施工过程中最为关键和困难的环节,也决定着工程建设的成败。拼装过程是在节段精确预制和模拟预拼装的基础上,采用合理的吊装和姿态调整技术,使节段之间临时定位并相互精准匹配衔接,配合节段预制支架拼装施工方案,结合三维激光扫描、BIM 模型进行精准快速拼装。

三维激光扫描技术不仅可以对预制节段进行扫描,还可以对整个桥梁结构进行扫描,确定其成桥线形,对施工拼装精度进行校验,据此所得 BIM 模型,也将成为后期桥梁管养的基准信息模型。另外,还可在施工过程中采用三维激光扫描技术进行线形测量。

项目选取已拼装架设完成的两跨节段梁进行三维激光扫描(扫描后桥梁结构点云见图 5-18),同时结合 BIM 模型进行桥梁线性测量(见图 5-19 至图 5-21),并对拼装精度进行校验。

图 5-18　扫描后桥梁结构点云

图 5-19　导入设计 BIM 模型三维检测

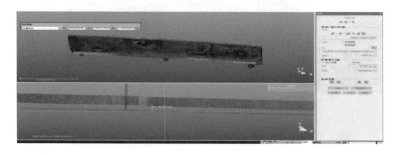

图 5-20　桥梁线性测量检测

图5-21　桥梁高程测量检测

　　三维激光扫描技术应用于预制节段梁模拟预拼装,改善了常规模拟预拼装数据采集信息量小、比对方法单一、测量精度不高、工作量大等问题;相比较节段梁的实体预拼装,其在节省时间、人工和机械设备使用方面的优势更为突出。三维激光扫描与BIM技术的有机结合提高了某项目节段梁预制拼装的精度,解决了现场节段梁入场的质量检测、桥梁线形测量,以及拼装精度校验等工作。未来随着特大项目逐渐增多,三维激光扫描技术结合BIM技术将在工程质量管理中得到越来越多的应用,并在提高项目施工管理水平方面发挥更大的作用。

5.7　"BIM＋三维激光扫描施工快速测控"新技术

　　针对恶劣环境下大体量高墩竖直度控制难度大的问题,使用三维扫描技术对高墩实体进行数据采集,算法开发实现高墩的截面尺寸、中心线、垂直度等指标的快速测量,目前已经实现了最快3分钟扫描＋2分钟数据分析,实现高墩的快速测量与纠偏,应用实践表明该技术可提升测量工作效率,提高高墩整体线形外观质量控制。该技术的具体操作及应用见图5-22至图5-29。

图5-22　激光扫描

图5-23　提取中心线

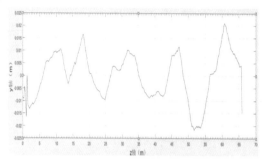
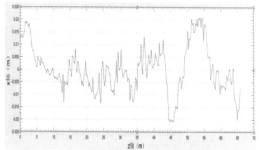

图 5-24　高墩横向偏差　　　　　　　图 5-25　高墩顺向偏差

通过高墩垂直度快速检测技术的应用,进一步实现了圆柱墩半径和垂直度批量化快速检测的技术研究,设立一个站点迅速扫描 100 m 范围内结构物,开发批量处理算法,可快速检测结构物实际尺寸、位置等指标,为下一道工序规避风险。

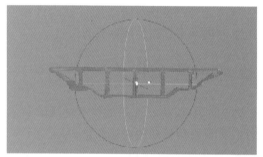
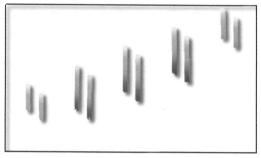

图 5-26　桥墩快速扫描检测　　　　　图 5-27　批量获取特征数据

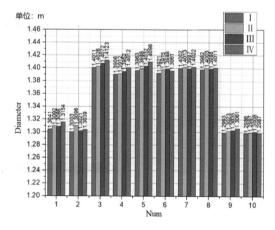

图 5-28　批量处理特征数据　　　　　图 5-29　批量得到桥墩半径和垂度

采集工程实体模型与理论模型进行对比,3D 体现结构物尺寸及位置偏差,为下一道工序实施和调整提供依据。完工全桥扫描可储存桥梁实况,也可为后期交工和运维提供准确的数据资料。3D 对比图见图 5-30、图 5-31。

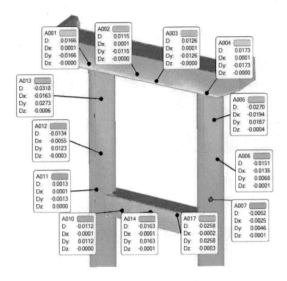

图 5-30　桥墩、盖梁 3D 对比

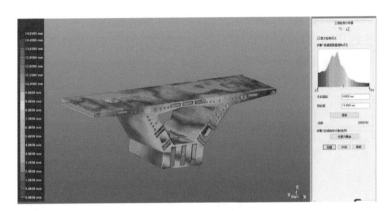

图 5-31　箱梁 3D 对比

✦ 5.8　BIM 技术在项目前期策划临建方案正向设计

　　自主开展 BIM 技术在项目前期策划临建方案正向设计，主要包括对项目部、梁场、拌和站等区域进行前期选址，规划临建设施及便道，提供多个版本的方案，并利用 BIM 技术对图纸进行三维化、效果化处理。大到场部选址，小到房间布置规划，通过 BIM 技术使其表现得更直观、更具象，更有利于方案比选，优中选优。项目部效果图见图 5-32。

(1)　　　　　　　　　　　　　　　(2)

图 5 - 32　项目部效果图

✤ 5.9　"BIM+物联传感的预制梁全生命监测与信息化管理"技术 ——

由于大批量预制梁库存管理及质量信息跟踪管理过程中,现有的二维码标识不牢靠,损坏后无法识别,以及寿命短等缺点,无法做到全生命期的信息储存,因此,项目引进了超高频 RFID 水泥芯片,该芯片抗干扰性能强,寿命长,浇筑完成后植入砼面下 3~5 cm 内,采用手持读写器可实现无接触识别,目前项目应用有效识别距离 3~5 m,实现了箱梁信息永久储存。该技术的具体操作及应用见图 5 - 33 至图 5 - 36。

图 5 - 33　布设 RFID 芯片永久储存构件信息　　　　图 5 - 34　编码链接 BIM 构件

图 5-35 标签埋设　　　　　　　图 5-36 射频识别

目前的预应力张拉控制主要以钢绞线伸长量和张拉力来间接控制梁体的预应力储备,受到锚具回缩、管道摩阻等因素,预应力存在不可控的损失。项目采用精细的包含钢筋、预应力钢束的 BIM 模型,生成预制梁张拉的三维精细有限元模型,获得了梁体任意位置的预应力储备,以该准确理论值作为传感器监测的控制值,以此精确控制预应力的张拉,确保梁体预应力储备切实达到设计要求。预制梁 BIM 进行预应力张拉计算见图 5-37,理论与实测值对比见图 5-38。

YZ47-57-1/2-预制梁传感器监测数据					
梁号	位置	内部	外部	应变值	应力值	备注
YZ36	左侧	-312.7235434	-281.2123123	-9.983412312	-9.701432123	
	右侧	-311.7211222	-281.4531233	-9.983411121	-9.701413488	
YZ37	左侧	-311.0522022	-280.7842033	-9.314491146	-9.032493512	
	右侧	-310.9030094	-280.6350105	-9.165298329	-8.883300695	
YZ38	左侧	-310.6084673	-280.3404684	-8.870756208	-8.588758574	
	右侧	-310.2282502	-279.9602513	-8.490539146	-8.208541513	
YZ39	左侧	-309.7351445	-279.4671456	-7.997433415	-7.715435781	
	右侧	-308.7896848	-278.5216859	-7.051973712	-6.769976078	
YZ40	左侧	-308.3449541	-278.0769552	-6.60724307	-6.325245436	
	右侧	-308.259833	-277.9918341	-6.52212192	-6.240124287	
YZ41	左侧	-307.7016299	-277.433631	-5.963918822	-5.681921188	
	右侧	-307.6352031	-277.3672042	-5.897492055	-5.615494422	
YZ42	左侧	-307.2743211	-277.0063222	-5.536610005	-5.254612371	
	右侧	-306.8852246	-276.6172257	-5.147513548	-4.865515914	
YZ43	左侧	-306.0972506	-275.8292517	-4.359539554	-4.07754192	
	右侧	-305.7970057	-275.5290068	-4.059294654	-3.777297021	
YZ44	左侧	-305.2977865	-275.0297876	-3.560075391	-3.278077757	
	右侧	-305.1653177	-274.8973188	-3.427606632	-3.145608998	
YZ45	左侧	-305.0445861	-274.7765872	-3.306874998	-3.024877365	
	右侧	-304.7309996	-274.4630007	-2.993288518	-2.711290884	
YZ46	左侧	-303.793374	-273.5253751	-2.055662892	-1.773665259	
	右侧	-303.6411588	-273.3731599	-1.903447706	-1.621450072	

图 5-37 预制梁 BIM 模型进行预应力张拉计算

图 5-38 理论与实测值对比

5.10 孪生数字模型与 BIM 模型的快速逆向构建技术

项目现场处于天山腹地,地形落差大。常规的无人机实景采集面临着大量航片重叠度不能满足建模需要的问题。通过研究采用无人机防地飞行技术(见图 5-39),使用测绘地区 DEM 数据,规划防地飞行三维航线,采集地形航拍数据,生成的实景模型见图 5-40。用航线生成大疆的 WayPoint 航点飞行任务文件解决大落差地形的实景数据采集关键问题。

图 5-39 无人机航拍

图 5-40 生成实景模型

项目临近交付,施工期较长,雨水碱性较大,需要对全线结构物外观质量进行全面排查并整修,而桥址区人工全面排查较困难。我们采用"无人机+手持影像设备"的方式对桥梁进行全覆盖实景孪生模型构建。其中,最大的挑战在于如何提高无人机的自动化采集效率。我们使用扫描点云进行三维精细的无人机航线规划,并生成 WayPoint 自动化飞行任务,极大地提高了无人机的使用范围和效率。无人机无法达到的地方,采用光学变焦相机进行补充。以亚喀布拉克大桥为例,数据采集仅花费 1 小时,实现了桥梁表面全覆盖、外观问题精确定位与量化。同时为运维提供非常有价值的初始模型,并为运维的桥梁检查提供技术支持。通过前期的精确三维检测发现,已建成的桥梁与设计 BIM 理论模型不可避免地存在偏差,如何交付精确的 BIM 模型是行业面临的难题。我们研究采用三维扫描点云逆向构建结构的精确 BIM 模型。目前,已经实现了常规桥梁的真实 BIM 模型快速逆向构建。该技术的具体操作见图 5-41 至图 5-45。

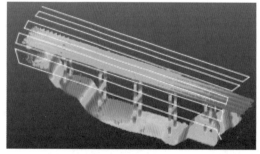

图 5-41 基于扫描点云规划无人机三维航线

图 5-42 生成点云扫描模型

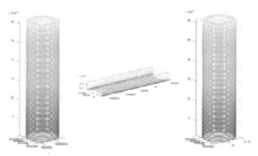

图 5-43 点云分割

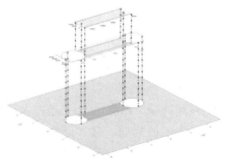

图 5-44 部件点云

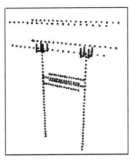

图 5-45　逆向 BIM 模型

✦ 5.11 "有限元分析＋BIM 综合技术大跨度空间钢网架整体吊装施工" 技术

1.适用范围

适用于体育馆、展览厅、仓库等中大跨度钢网架结构。最优吊装站位示意图及平面图见图 5-46、图 5-47。建模验算图见图 5-48。采集节点及无线网关实物图见图 5-49、图 5-50。

2.特点

(1)精准:通过有限元计算分析,精准计算网架各杆件吊装过程中、安装后各杆件受力状态,确定最优网架吊点位置、拼装方案。

(2)高效:利用 BIM 技术模拟吊车选用、车位定点、吊装路线规划,最短时间内采用信息化手段辅助完成吊车选用,利用软件三维立体特性确定吊车站位,并模拟整个吊装轨迹,从而确定最优吊装路线;采用 BIM 模型动画对管理人员、操作工人进行直观交底,大大提高工作实效。

(3)安全:该工法采用的地面拼装整体吊装工艺极大减少了工人高空作业的风险,通过融入电阻应变监测系统对网架在本身拼装、吊装过程中各杆件的应力监测,确保各杆件应力、应变在允许范围内,全方位确保网架施工安全。

(4)经济:本工法采用地面拼装工艺安装网架,比高空拼装大大提高了工人的安装效率,减少了吊车的使用频率,更省去了支撑体系的安装,综合节省了较大的人工、机械成本。

(5)快捷:施工前利用"BIM＋有限元分析规划网架"全过程施工部署,优化精简整个施工过程,并通过将传统高空拼装调整为地面拼装,减少了安装时间,有效降低了施工工期。

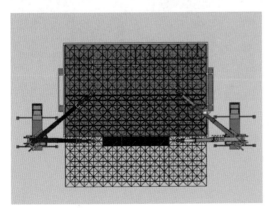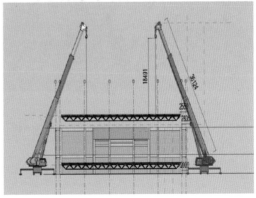

图 5-46　最优吊装站位平面示意图

图 5-47　最优吊装站位平面图

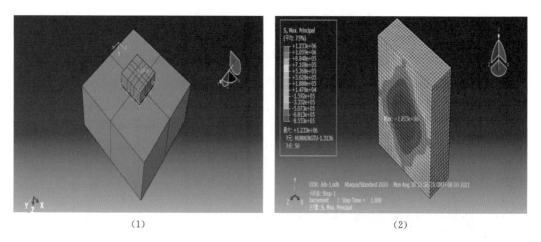

图 5-48　建模验算图

图 5-49　采集节点实物图　　　　　　图 5-50　无线网关实物图

✪ 5.12　BIM 的超厚混凝土顶板组合式架体施工技术 ──────

1.适用范围

适用于建筑工程厚度大于 1.0 m 的超厚混凝土顶板的支撑体系施工,对有限空间内不便安装及拆除的异形功能用房尤为适用,对开阔的空间内有较好的基础面层平整度的混凝土构件施工也具有良好的参考价值。该技术的具体应用见图 5-51 至图 5-56。

2.特点

(1)本技术采用 BIM 技术建立三维模型,对狭小空间内支撑体系施工顺序进行动态模拟和预演,规避了诸多在实际搭设过程中可能存在的问题,在有限空间内,对使用到的架体支撑杆件的构造尺寸进行模型排版,优化材料采购及租赁成本。对管理人员及作业人员进行了可视化交底,使其在作业前能够对各道工艺、工序有更加直观和深刻的理解。同时,根据模型的建立,对支撑体系所用到的构件进行拆分、归类,对构件工程量进行统计,精确辅助物资采购及租赁计划。

(2)在有限、异形构造的空间内,采用盘扣式、组合式架体,避免了采用钢立柱支撑体系拆装难度大、危险程度高的问题,搭设简便灵活,搭设模数固定,稳定性高。

(3)大体积构件内部设置电子测温元件和降温冷凝管件,有效控制了超厚混凝土构件水化热所引起的膨胀开裂。构件一次性浇筑完成,避免了施工缝的留设,最大限度地减少有害射线穿过墙体对医患人员造成的辐射伤害。

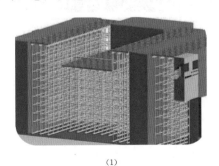

(1)

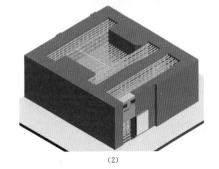

(2)

图 5-51　支撑体系 BIM 模型

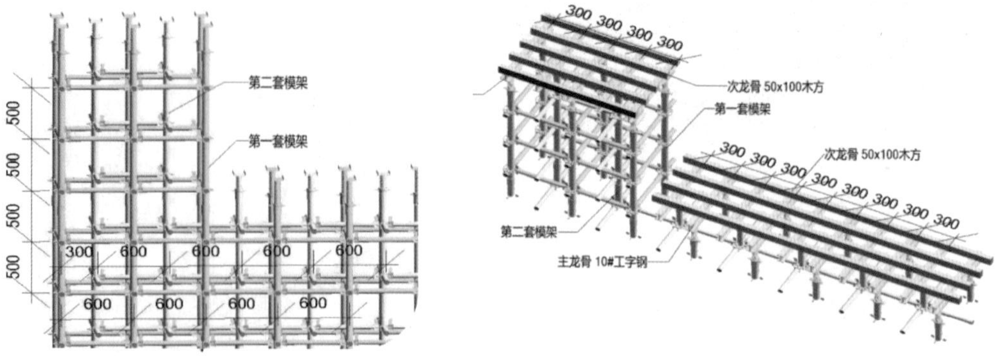

(1) (2)

图 5 - 52 组合式架体搭设模型

图 5 - 53 顶板模板支撑体系

图 5 - 54 剪力墙模板加固附加斜撑

图 5 - 55 剪力墙模板加固

图 5 - 56 模板拆除前通风处理

5.13 BIM 技术基坑自动化监测施工技术

1. 适用范围

适用于各种深基坑地表水平位移、深层水平位移、地表沉降、地下水位、锚索应力等监测。该技术的具体安装及应用见图 5 - 57 至图 5 - 60。

2. 特点

精准：监测基坑边坡深层土层位移、水位变化，结合水位探测器、边坡上部静力水准仪，运用开发软件平台精准监测边坡稳定性及水位标高；通过深层监测及软件计算平台，更精准地监测沉降及水位变化。

时效：进行 24 小时在线监测，确保数据的时效性。

实效：不受天气影响，实时监测，在恶劣环境下仍能保证数据稳定。

量化：以科学的数据来监测，以量化为基础，提供海量的数据。

便捷：随时查看，后台操作，实现自动化、远程化，可回查、可复制性强。

安全：安全稳定，主观误差小。将现场测量的数据、信息及时反馈，以修改和完善设计，进行信息化施工，使设计达到优质安全、经济合理。

图 5 - 57　深层水平位移、地下水位感应器安装

（1）　　　　　　　　　　　　　　　　（2）

（3）　　　　　　　　　　　　　　　　（4）

图 5 - 58　地表沉降水准仪安装

图 5-59　数据采集节点安装　　　　　　图 5-60　数据无线网关

5.14　"BIM＋三检"信息化管理

自主研发"BIM＋三检"信息化管理平台,目前在房建项目进行推广应用。技术质量部对各项目"三检"过程的规范化、信息化、集约化进行统一管理。系统中集成了各工序的质量检验单元,并设置了质量标准指标,通过前端质检人员手机录入实测实量数据。通过后台可以实现对全公司使用该系统进行质检情况的监控,对各项目质检合格率、具体的不合格点、质检参与者的质检频率、项目间的排名,做到了如指掌,为公司质量管理与质量决策提供可量化的依据。

当前关于工程质量控制的信息化手段基本侧重于实时监控,而实现质量检验记录的信息化模式极少见。在国网运营管理中,有设备日常检查记录的信息化管理模式,虽该模式仅能单机操作,未成体系化管理,但质检记录的信息化、系统化管理,也是一个创新点。

BIM 可视化动态管理,为项目是否应该进行质量检验提供进度动态依据;检测数据是否符合规定,是否可以进行下一步施工,为 BIM 进度管理提供支撑。公司管理层通过可视化数据管理与提醒,综合管理项目"三检"落实。该技术的应用具体见图 5-61 至图 5-66。

图 5-61　系统后台 Web 端登录

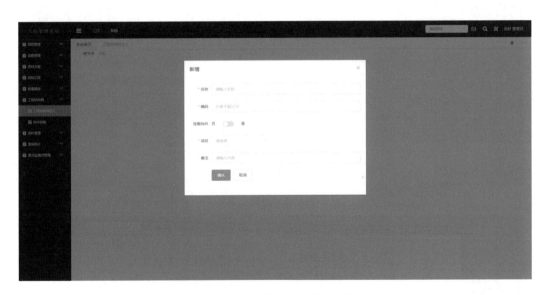

图 5-62　工程结构树节点创建

建筑工程"四新"施工技术

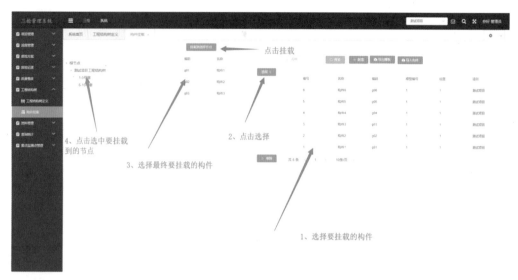

图 5-63 BIM 构建挂载

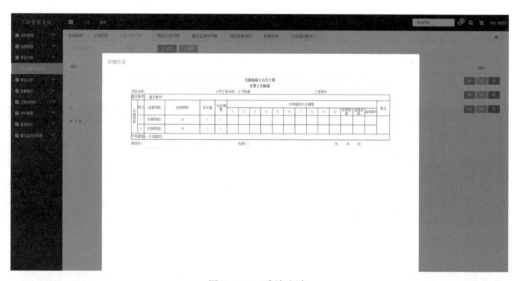

图 5-64 质检方案

（1）

（2）

图 5-65　三检管理系统界面

图 5-66　质检记录问题审批

5.15 "BIM＋GIS系统与全时空监控系统的集成"技术

利用已有 BIM 三维建模技术与 GIS 数据技术，实现对重点监控区域（服务区、收费站及附近桥梁及道路）的三维全真模型构建，构建得到的三维全真场景模型是实现后续立体全时空监控系统的基础，并建立监控设备模型、属性信息等，实现监控设备模型与三维实景模型整合，见图 5-67。

通过对"BIM＋GIS"引擎系统的二次开发，BIM 系统与视频监控系统的集成，在系统内可以实现监控与模型的挂接，包括监控画面、数据等信息，实现点选、查找 BIM 监控模型即可实时传输监控信息与画面，打通 BIM 系统与监控系统、监控设备的传输接口及协议，并做到空间位置可追溯。

（1）

（2）

（3）

(4)

(5)

(6)

图 5-67　三维实景模型图

⬥ 5.16 BIM 技术辅助钢筋深化设计 ————————————

钢筋数量占项目造价很大比例,但设计提供的钢筋图纸在规格、长度、细部等存在问题较多。项目 BIM 工作室应用 BIM 虚拟仿真技术,重点对钢筋进行优化。其中,根据设计图纸对 T 梁钢筋及波纹管进行三维建模,检测钢筋与波纹管存在的碰撞冲突,以碰撞检测报告为依据,在不改变设计意图的基础上进行调整,以保证施工质量。对于钢筋过密的构件节点,利用 BIM 进行钢筋预排,减少施工时钢筋绑扎顺序、位置错误的发生。波纹管定位安装改进见图5-68。

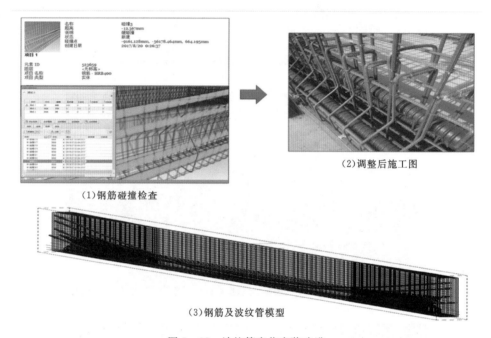

(1)钢筋碰撞检查   (2)调整后施工图

(3)钢筋及波纹管模型

图 5-68 波纹管定位安装改进

在传统施工项目管理中,工程人员和管理人员一般采用二维平面图纸,很难发现钢筋碰撞问题,从而导致返工,容易造成较大的工期延误与成本浪费等问题。

根据设计图纸对 0 号块中钢筋及波纹管进行三维建模(见图 5-69),项目施工前提前检测钢筋与波纹管存在的碰撞冲突,以碰撞检测报告为依据(见图 5-70、图 5-71),在不改变设计意图的基础上进行调整,避免返工与浪费,从而保证施工质量。

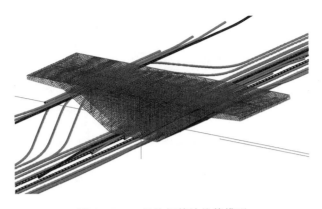

图 5 - 69　0 号块钢筋波纹管模型

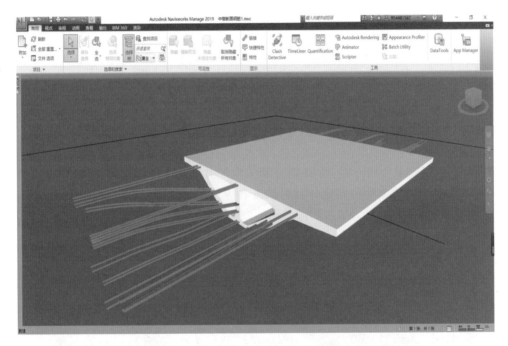

图 5 - 70　Navisworks 钢筋波纹管碰撞检测

碰撞报告

测试 1	公差	碰撞	新建	活动的	已审阅	已核准	已解决	类型	状态
	0.005m	240	240	0	0	0	0	硬碰撞	确定

图像	碰撞名称	状态	距离	说明	找到日期	碰撞点			项目 ID	图层
	碰撞1	新建	-0.013	硬碰撞	2018/9/28 03:11	x:-9.285,	y:-29.800,	z:0.501	元素 ID: 522757	<无标高>
	碰撞2	新建	-0.013	硬碰撞	2018/9/28 03:11	x:-9.284,	y:-62.388,	z:0.499	元素 ID: 523255	<无标高>
	碰撞3	新建	-0.012	硬碰撞	2018/9/28 03:11	x:-9.161,	y:-56.178,	z:0.664	元素 ID: 523659	<无标高>
	碰撞4	新建	-0.012	硬碰撞	2018/9/28 03:11	x:-9.148,	y:-35.100,	z:0.674	元素 ID: 522704	<无标高>
	碰撞5	新建	-0.011	硬碰撞	2018/9/28 03:11	x:-9.164,	y:-57.087,	z:0.671	元素 ID: 523202	<无标高>
	碰撞6	新建	-0.010	硬碰撞	2018/9/28 03:11	x:-9.022,	y:-59.400,	z:0.266	元素 ID: 530978	<无标高>

图 5-71　碰撞检测报告

5.17　BIM 的道路交通导改方案模拟

依照项目交通疏散组织方案,利用 BIM 相关软件 Ifraworks360 进行交通导改方案模拟演示(见图 5-72),检查方案中的问题并及时修改,进行可视化方案交底,力保在施工期间不断行(施工期间通行见图 5-73),减少因施工而造成的沿线区域交通压力。

图 5-72　交通导改方案模拟演示

图 5-73　施工期间通行演示

5.18　BIM 样板引路

应用 BIM 技术,利用其三维、直观的特点,将施工样板数字化、虚拟化,替代传统方式的施工样板。如样板需调整,仅需修改模型即可,根据 BIM 模型尺寸量化建筑材料,减少建筑垃圾的产生,同时减少施工成本。应用 BIM 技术的施工样板见图 5-74 至图 5-77。

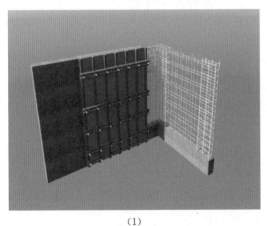

(1)

(2)

图 5-74　剪力墙施工样板

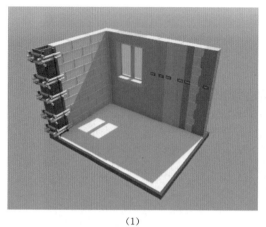

(1)

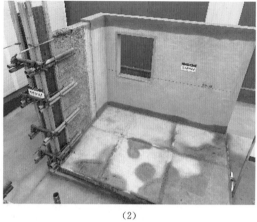

(2)

图 5-75 砌筑及抹灰工程样板

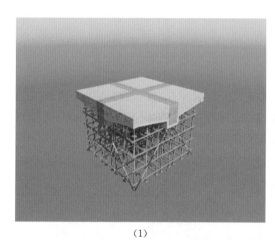

(1)

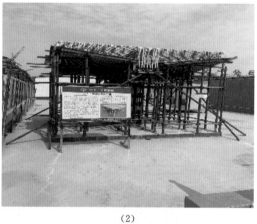

(2)

图 5-76 梁柱节点及架体搭设样板

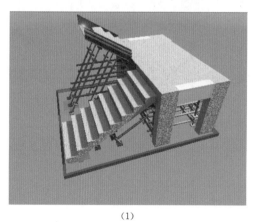

(1)

(2)

图 5-77 楼梯结构施工样板

5.19　BIM技术辅助现场安全文明施工

在模型中设置防护设施(防护设施模型见图5-78),分析临边、洞口防护的合理性,避免因布置不合理而导致工人随意拆除、破坏临边洞口的防护设施,并根据防护设施模型标记的位置和工程数量,辅助现场防护设施数量核算和安装位置指导。

(1)

(2)

图5-78　防护设施模型

5.20　"BIM+无人机"技术助力土方量计算

项目在无人机倾斜摄影(见图5-79)技术的运用下,对现场已清表范围内原始地形进行实景建模,生成点云数据(见图5-80)后,得到原始三维地形(见图5-81),在基坑开挖后,进行地形曲面的拟合,得到实际土方开挖量。

利用无人机倾斜摄影技术,对该路基坑开挖前后进行实景建模(见图5-82),结合BIM模型,辅助施工现场便道选线、场地布置、土方工程量计算等,实现工程项目便捷化、科学化管控。

图 5-79　无人机倾斜摄影

图 5-80　点云数据

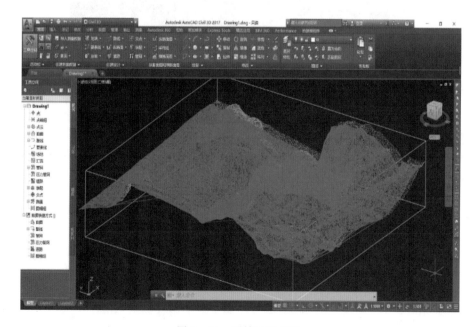

图 5-81　原始三维地形

160

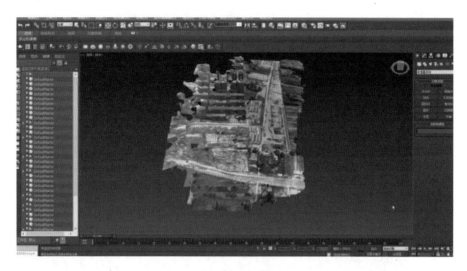

图 5-82　实景建模

5.21　BIM 工程量快速提取、对比分析

项目钢筋用量大,控制钢筋损耗率为项目成本管控的重点。项目采用 Revit 与 Tekla 软件进行钢筋建模(见图 5-83),快速输出工程量表,减少项目人员工作任务,提高工作效率;将软件输出工程量表与实际下料长度进行比对,采用数据精度更高的软件,使钢筋用量更加精确可控。

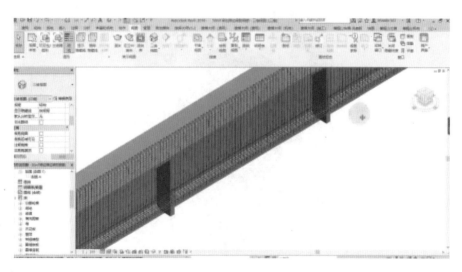

图 5-83　钢筋建模

5.22　"BIM＋GIS＋北斗人员定位系统"

北斗人员定位系统能够对现场施工人员的分布情况(见图 5-84)分区域实时监控,能够用不同标识模拟图形或颜色,数据动态,实时显示现场各类人员的情况和分布情况,并能动态显示现场人员的当班活动模拟轨迹。对某些特殊区域进行禁入设置,可以有效管理非相关人员进入,当有非法进入时,监控软件将立刻报警。

基于 BIM 平台,利用北斗人员定位系统结合 GPS 对现场人员及重要机械设备进行定位,对超过 10 人以上工作区域进行重点监控并预警。"安全帽＋北斗人员定位系统"见图 5－85,人员安全管理系统见图 5－86。

图 5－84　施工人员分布情况

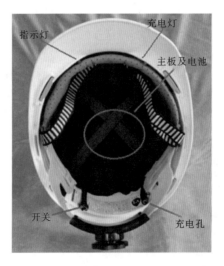

图 5－85　"安全帽＋北斗人员定位系统"

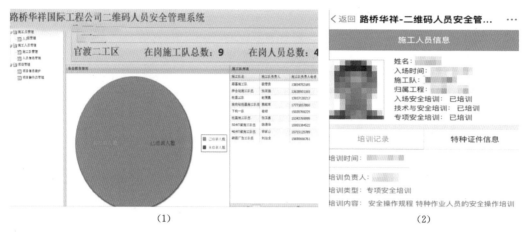

(1)

(2)

图 5-86　人员安全管理系统